豇豆高效栽培实用技术

JIANGDOU GAOXIAO ZAIPEI SHIYONG JISHU

张忠武　詹远华　田 军　主编

中国农业出版社
北　京

内容提要

本书由湖南省常德市农林科学研究院、国家大宗蔬菜产业技术体系洞庭湖综合试验站组织编写。作者根据多年的研究与生产实践经验，在收集整理国内豇豆研究成果、总结栽培经验的基础上，比较系统全面地介绍了豇豆主要栽培品种、优质高效栽培技术、病虫害防控技术、贮运与加工技术等。内容丰富，通俗易懂，科学实用。适合广大农民、基层农业科技人员阅读和参考。

编 委 会

主　编　张忠武　詹远华　田　军

副主编　邓正春　杨连勇　孙信成　朱传霞

编　委　（按姓氏笔画排序）

丁　华　朱明玉　朱益祥　何　岩

冷丽萍　张平喜　陈位平　黄　琳

康　杰　彭元群　蒋　万

编著单位　常德市农林科学研究院

国家大宗蔬菜产业技术体系洞庭湖综合试验站

前言

豇豆是菜粮两用豆类作物，全球种植面积超过1.25亿公顷，在我国有1 500年的栽培历史。我国豇豆种植区域广泛，南北均有栽培，尤其在长江流域及南方地区面积较大，是我国主栽蔬菜之一。

豇豆营养价值很高，能够为食用者提供易消化吸收的优质蛋白质、适量的糖类及多种维生素和微量元素等，可补充机体所需的营养。豇豆的嫩荚、嫩豆粒可作为蔬菜，干籽粒可作粮食，种子可以入药，具健胃补气、滋养消食之功效。

近年来，随着蔬菜流通模式的不断完善，我国出现了一些外向型的大规模豇豆生产基地，豇豆育种和栽培技术不断更新，豇豆保护地栽培区域逐渐扩大。在农业产业结构调整中，有些地方还形成了高效轮作套种模式。豇豆不再局限于春夏栽培，而是可以做到周年生产、周年供应。

为了提高豇豆生产的综合效益，笔者结合多年的研究与生产实践经验，组织编写了《豇豆高效栽培实用技术》一书，希望能为广大农民和农村科技工作者提供参考。

由于时间紧迫、水平有限，书中难免有疏漏和不妥之处，望广大读者批评指正。

编　者

2020年5月2日

目录

第一章 概 述

豇豆［*Vigna unguiculata*（L.）Walp.］为一年生缠绕性草本植物，别名菜豇豆、长豇豆、长豆角、豆角、角豆、饭豆、腰豆、浆豆、姜豆、带豆等，多数以嫩荚为产品，营养丰富，茎叶是优质饲料，也可作绿肥，其种子、叶、根和果皮均可入药。按照植物学分类法，豇豆属于种子植物门、双子叶植物纲、蔷薇目、豆科、豇豆属；按照食用器官分类法，豇豆属于果菜类的荚果类；按照农业生物学分类法，豇豆属于豆类。

一、豇豆起源、分布及我国豇豆产业的发展

豇豆是一种古老的作物，栽培历史较长，更是非洲国家重要的粮食作物，全球种植面积超过 12 500 万公顷，在世界主要食用豆类中种植面积仅次于菜豆、鹰嘴豆，位居第三，超过豌豆、蚕豆的种植规模。豇豆的嫩荚、嫩豆粒和嫩茎叶可作为蔬菜，嫩荚可加工制罐头和速冻，还可腌渍和做泡菜；短豇豆的干籽粒既可供人食用，也可作饲料；豇豆的种子可以入药，有健胃补气、滋养消食的功能。

（一）豇豆的起源与分布

20 世纪初，Wight 在印度发现有原始习性的豇豆，据此认为

普通豇豆起源于印度。后来发现大量的野生豇豆亚种分布在非洲，因此认为豇豆起源于非洲。同时在西非考古发现了公元前1450至前1400年的豇豆残留物，从而认为西非是豇豆最初的驯化中心，印度属于次生起源中心。N. W. 西蒙兹所著《作物进化》中指出豇豆可能于公元前1000年经古丝绸之路由印度传播到东南亚和远东（主要指中国）。由于中国长豇豆变异性很大，种质资源丰富，栽培也很广泛，因此不少学者认为中国是豇豆的次生起源中心之一。三国时张揖撰《广雅》中已有关于豇豆的记载，隋朝陆法言所著《唐韵》中也有关于豇豆的记载。

豇豆有3个栽培亚种，分别是普通豇豆（*V. unguiculata* subsp. *unguiculata*）、短豇豆（*V. unguiculata* subsp. *cylindrica*）、长豇豆（*V. unguiculata* subsp. *sesquipedalis*）。在3个栽培亚种中，普通豇豆的果荚长度不足30厘米，且硬，不堪食用，嫩荚呈下垂状，种子扁圆、近肾形，主要分布在非洲、亚洲和美洲的南部地区及西印度群岛；短豇豆的荚长7～12厘米，竖直向上，略坚实，主要分布在印度、斯里兰卡和东南亚国家；长豇豆的荚果膨胀，柔软而具肉质，长30～100厘米，下垂。我国的栽培种主要是长豇豆。

豇豆的种植区域主要分布于热带和亚热带的北纬35°与南纬30°之间，其中尤以发展中国家栽培最多，非洲的种植面积约占世界种植面积的90%，产量约占2/3（干籽），其次是北美洲与中美洲（以巴西为多），亚洲位居第三，欧洲第四，大洋洲最少。主产国有尼日利亚、尼日尔、埃塞俄比亚、突尼斯、中国、印度、菲律宾等。从不同种植用途看，亚洲（尤其是东南亚和中国）种植食用嫩荚的长豇豆的面积最广，其他各大洲则以种植普通豇豆为主，食其干籽，粮用或饲用。在中国粮用或饲用豇豆多为普通豇豆，很少单作，大多与玉米、高粱、棉花等间套作，分布范围很广，主要分布在黄河流域及南方各省份，尤以四川、湖北、湖南、河北、安徽、山东等省为多。而菜用的长豇豆则是中国的主要栽培蔬菜之一，随着市场经济的发展，由于其栽培技术较简易，营养价值高，又较适宜贮运、加工，除春夏或夏秋进行露地栽培外，又可在北方进行大棚栽培，也可在南方进行南菜北运的秋冬栽培以及夏季的高山栽培，而且经济效益较高，因此近年来生产发展较快，种植面积常年维持在33万公顷以上。

（二）我国豇豆产业的发展

我国豇豆栽培历史悠久，大约有1 500年的栽培史，品种资源十分丰富，在育种方面取得了很大进展，栽培技术也有了很大提升。我国豇豆产业发展有以下特点。

一是收集了大量豇豆资源。目前，中国农业科学院（CAAS）保存豇豆种质资源1 200余份，全国各地的农业科研单位也保存了大量豇豆种质资源。

二是选育并推广了大量优质丰产的豇豆新品种。20世纪70年代，浙江省农业科学院和之豇种业公司育成的之豇28-2推广面积曾占全国豇豆栽培面积的70%以上，并荣获国家发明二等奖，为我国长豇豆增产和农民增收做出过重要贡献，随后相继推出了浙绿1号、浙绿2号、之豇矮蔓1号、之豇无架、之豇特早30、秋豇512、紫秋豇6号等品种。湖南省常德市农林科学研究院蔬菜研究所育成并推广了天畅1号、天畅4号、天畅5号、天畅6号、天畅9号、詹豇215等新品种。江汉大学育成了鄂豇豆2号、鄂豇豆6号（柳翠）、鄂豇豆7号、鄂豇豆12、鄂豇豆14等新品种。

三是栽培技术有了大幅提高。各地研究并推广了漂浮育苗技术、地膜覆盖栽培技术、大棚栽培技术、间作套种技术、病虫害绿色防控技术等，使豇豆的产量和质量得到提高。2018年全国179个批次的豇豆质量安全抽检中，农残含量合格的有169批，合格率达到94.4%，高于普通叶类蔬菜。

四是形成了规模化生产基地。河北、河南、江苏、浙江、安徽、四川、重庆、湖北、湖南、广西等地每年栽培面积超过1万公顷，并形成了浙江丽水、江西丰城、湖北双柳等面积超过1 000公顷的大型专业化长豇豆生产基地。在单位面积产量方面，北京、天津、河北、山西、内蒙古等华北地区最高，正常年份在每公顷30吨以上；其次为东北地区，接近30吨；上海、江苏、浙江、安徽、福建、江西、山东、河南等地也在20吨以上。

二、豇豆的营养价值与保健功能

豇豆是夏秋两季上市的大宗蔬菜，因其色泽嫩绿、肉荚肥厚、味道鲜美、极富营养价值而深受消费者喜爱。豇豆的嫩豆荚和豆粒味道鲜美，食用方法多种多样，可炒、煮、炖、拌、做馅等。嫩豆荚可炒食，也可焯熟后凉拌，另外还可用于加工腌泡、速冻、干制、保鲜菜，加工成罐头等。干籽粒还可以煮粥、煮饭、制酱、制粉。豇豆是一种鲜嫩可口、色香味俱全，营养丰富的优质蔬菜。李时珍称“此豆可菜、可果、可谷，备用最好，乃豆中之上品”。

（一）豇豆的营养成分含量

豇豆营养价值较高，富含蛋白质、脂肪、糖类、粗纤维、磷、钙、镁、铁、锰、锌、铜、硒、胡萝卜素、维生素B_1、维生素B_2等营养成分。其中以磷的含量最丰富。豇豆鲜荚整体的蛋白质含量高于番茄2～3倍，且是全价蛋白质，接近动物蛋白质，糖类的含量高于黄瓜1倍，钙的含量高于南瓜4倍，维生素含量高于冬瓜4～6倍。其嫩荚的营养优于菜豆。豇豆维生素B_1含量是菜豆的1.7倍，泛酸含量是菜豆的2倍，维生素C含量是菜豆的3倍，锌、镁等营养元素含量均高于菜豆。豇豆鲜荚中营养成分含量如表1。

人体必需氨基酸有赖氨酸、甲硫氨酸、苏氨酸、亮氨酸、缬氨酸、苯丙氨酸、色氨酸、异亮氨酸和组氨酸（婴幼儿必需），人体不能合成这些氨基酸或合成速度远不能适应机体需要，只能从食物中摄取。而豇豆嫩荚中所含氨基酸的种类齐全，而且比例协调。

表1 每100克豇豆鲜荚的营养成分含量

种类	含量	种类	含量
热量	121千焦	锰	0.39毫克
蛋白质	2.7克	锌	0.94毫克
脂肪	0.2克	铜	0.11毫克
糖类	4.0克	磷	50毫克
膳食纤维	1.8克	硒	1.4毫克
胡萝卜素	120微克	赖氨酸	137毫克
维生素 B_1	0.07毫克	甲硫氨酸	26毫克
维生素 B_2	0.07毫克	苏氨酸	99毫克
维生素C	18毫克	亮氨酸	163毫克
维生素E	0.65毫克	异亮氨酸	94毫克
钾	145毫克	缬氨酸	118毫克
钠	4.6毫克	苯丙氨酸	99毫克
钙	42毫克	色氨酸	27毫克
镁	43毫克	精氨酸	128毫克
铁	1.0毫克	组氨酸	77毫克

资料来源：中国预防医学科学院营养与食品卫生研究所，食物成分表，1992。

豇豆成熟的籽粒含蛋白质19.3%，脂肪1.2%，糖类58.5%，以及多种氨基酸，矿质营养素（钙、镁、锌、磷、铜、铁、钾、钠、锰、硒），维生素（胡萝卜素，维生素 B_1、维生素 B_2、泛酸）。豇豆籽粒与大米或糯米搭配，煮成的饭或粥是人们喜爱的主食之一。

豇豆茎叶的营养价值也高，结荚盛期茎叶干物质的蛋白质含量达21.38%，脂肪含量为5.01%，糖类含量为32.5%，纤维素含量为29.05%。茎叶的纤维素较苜蓿易消化，是乳牛等家畜的优质饲料。茎叶作干草或青贮均佳。豇豆茎叶生长繁茂，覆盖率高，是优良的绿肥作物。豇豆在轮作中也是其他作物的良好前茬。

（二）豇豆的保健功能

《本草纲目》中关于豇豆说到“理中益气，补肾健胃，和五脏，调营卫，生精髓，止消渴、吐逆、泄痢、小便数，解鼠莽毒”。中医讲究药食同源，豇豆性甘、淡、微温，归脾、胃经；化湿而不燥烈，健脾而不滞腻，为脾虚湿停常用之品；有调和脏腑、安养精神、益气健脾、消暑化湿和利水消肿的功效；主治脾虚兼湿、食少便溏、湿浊下注、妇女白带过多，还可用于暑湿伤中、吐泻转筋。

豇豆中钾、钙、铁、锌、锰等金属元素含量很多，是较好的碱性食品，可以中和人体内酸碱度。

豇豆中的膳食纤维含量较高，膳食纤维可以降低胆固醇，减少糖尿病和心血管疾病的发病率，有利于高血压患者的康复，可作为高血压患者的保健蔬菜。豇豆可促进肠蠕动，有通便、防止便秘的功效，可降低结肠癌、直肠癌的发病率，因此可作为防治肠道癌瘤的食品。

豇豆中含有丰富的维生素，有益于人体健康。

豇豆一般人群均可食用，尤其适合糖尿病、肾虚、尿频、遗精及一些妇科功能性疾病患者多食。但豇豆多食则性滞，故气滞便结者不宜食之过量，以免生腹胀之疾；此外，生豇豆中含有皂苷和血细胞凝集素两种有毒物质，经过高温可以被分解破坏，所以要烹饪热透食用，食用生豇豆易导致腹泻、中毒。

三、豇豆的形态特征

菜用豇豆的植株，多数品种为蔓生缠绕型，也有矮生型品种，茎无毛或近无毛。蔓生型主侧蔓均为无限生长，节间初期短，逐渐加长，节间长度7～13厘米，主蔓长2.5～4.0米，具左旋性，栽培需设支架，叶腋间可抽生侧枝和花序，陆续开花结荚，生长期长，产量高。矮生型栽培时不需搭架，主茎4～8节后以花芽封顶，茎直立，主茎长0.6～1.0米，株高40～50厘米，分枝较多，生长期较短，成熟早，收获期短而集中，产量较低。

豇豆不同器官的形态特征如下。

（一）根

豇豆的根系发达，主根明显而且发育良好。植株主根深达80～100厘米，侧根长60～80厘米。根系主要分布在15～38厘米的耕作层，易木质化，再生能力弱。根系上根瘤不甚发达，但其固氮能力较强。主根着生根瘤较多，根瘤呈粉红色。

（二）茎

矮生豇豆的茎呈直立或半开，顶部为花芽，植株高度为40～70厘米；蔓生豇豆的茎顶端为叶芽，在适当的条件下主茎不断伸长，达到2.5～4米，藤蔓具左旋性，侧枝旺盛，并不断地长出豆荚，应搭支架栽培；半蔓生豇豆的茎，藤蔓的长度为中等，一般高度为100～200厘米。

（三）叶

豇豆的第1对真叶对生，叶片先端钝尖，基部近心脏形。其后生出的叶为三出复叶，互生，全缘或有不明显的角，顶生小叶片菱状卵形，长5～13厘米，宽4～7厘米，先端急尖，基部近圆形或宽楔形，两面无毛，侧生小叶稍小，斜卵形；托叶披针形，长约1厘米，着生处下延成一短距。叶片表面光滑，呈浓绿色，比较厚，光合作用强，也较耐阴，不易萎蔫，具有抗旱特性。叶柄长达5～25厘米，无毛，有沟槽，近节部分带有紫色。

（四）花

豇豆花为总状花序，腋生，雌雄同花。一般每片叶的叶腋内有3个芽，通常仅中间的芽发育，或者成为无限生长的单轴枝，或者成为总状花序。从着花序节起，可连续着生，最早熟的品种第1花序着生节位在主茎第3节，晚熟品种在第9节以上。分枝第1花序着生在第1～2节。在1个节上可以有1个以上的花序，或者1个花序及1个退化的分枝。侧枝结实的品种，分枝力强，侧枝第1节能引出花序。从叶腋中生长出的花梗，长15～20厘米，花梗顶端开花，花成对互生。花梗基部有3枚苞叶，萼片上无毛，有皱纹，裂片小，呈尖锐三角形。每个花序着生花2～3对，第1对花先开放结荚，结荚率最高，一般在30%以上，高的可达45%～50%。

豇豆花为典型的蝶形花，花冠呈紫色、黄色或白色，旗瓣宽而且大，比翼瓣长，旗瓣、翼瓣有耳，龙骨瓣无耳；龙骨瓣向内弯，二体雄蕊（9+1），子房无柄，被短柔毛，花柱顶部内侧有淡黄色髯毛。花通常于早上开放，中午前后闭合。花一旦开放，很快就凋谢和脱落。豇豆花荚通常成对生长，角状或条形，下垂，故又称"豆角"。第1对荚采收后，第2对花荚生长加快，在采收后5～6天再次开花。豇豆为自花授粉作物，因花大且花器有蜜腺，故吸引昆虫，有时导致虫媒授粉，异交率约为2%。

（五）荚果

豇豆荚果细长，呈圆筒形，长30～100厘米，横径1厘米左右，果皮肥厚，分生组织发达。荚内含豆粒数一般为16～20粒。荚色以青、白、红三色为基色，众多品种的荚色从以上三色中演化而来，表现出深绿、淡绿、紫红或间呈花状的斑点色纹等多种颜色。同一品种的荚色较稳定，一般荚果色深、细长的为优良品种。

（六）种子

豇豆种子呈肾形，稍扁平或弯月形，种色有褐色、紫红、紫褐、黄褐、白色、黑色及花斑等，以褐色白脐居多，长 6～12 毫米，千粒重 100～180 克。种子无休眠期，常温下贮藏寿命 2～3 年，在适宜条件下经 48～72 小时即可发芽。出苗时，子叶出土。

四、影响豇豆生长发育的环境条件

豇豆生长发育及产品器官的形成，一方面取决于豇豆品种本身的遗传特性，另一方面取决于外界环境条件。影响豇豆生长发育的环境因素主要包括：温度（空气温度、土壤温度）、光照（光质、光照度、光周期）、水分（空气湿度和土壤湿度）、土壤（土壤肥力、化学组成、物理性质、土壤溶液的反应）、空气（大气及土壤中空气的氧气及二氧化碳的含量、有毒气体的含量、风速、大气压等）、生物因子（土壤微生物、杂草、病虫害、豇豆植株本身的自行遮阴）。

这些条件都不是孤立存在的，而是相互联系、相互影响的，对于豇豆生长发育的影响也是综合作用的结果。例如，充足的阳光可以提高环境温度，使土壤水分蒸发量增大，豇豆植株的蒸腾也加强；在栽培措施上，通过翻耕、施肥、灌溉、中耕、除草、密植等方式，也会使土壤耕作层的温度、湿度以及植株群体的小气候发生变化。因此，必须全面考虑各个环境条件的总体作用。

（一）温度

豇豆耐热性强，不耐低温霜冻，从播种至开花有效积温需 1 315.0～1 420.0℃，全生育期则需 2 124.0～2 208.0℃。豇豆种子发芽最低温度为 8～12℃，适宜温度 25～30℃。植株生长发育适宜温度为 20～25℃。在适宜温度范围内，温度越高，生长发育越快，从播种至开花结荚的时间越短。开花结荚的适宜温度为25～30℃，在10～15℃条件下植株生长发育缓慢，10℃以下停止生长，1～5℃条件下易受冷害，接近0℃时植株便会死亡。植株在35℃高温条件下，仍能生长结荚，但受精不良、荚内籽粒少，甚至出现空籽荚，其商品性与产量也下降。北方地区露地栽培的豇豆应在霜冻前采收完毕。

品种间耐低温能力的差异，表现在叶绿素形成与光合作用能力上。有许多品种遇15℃以下低温会影响幼嫩叶的叶绿素形成，叶片展开时便会出现不同程度的黄化现象，但对叶片的大小无明显影响（可与花叶病毒相区别），严重的黄叶则会导致减产，此类品种不宜进行早熟保护地栽培。反过来说，极早熟品种往往较耐低温与弱光。

（二）光照

豇豆属短日照作物。在较短日照条件下开花较早，第1花序开花节位低；在较长日照条件下，侧蔓萌发晚，主蔓上第1花序的着生节位显著提高。如果北方品种引种到南方栽培，开花期提前，植株变矮；南方品种引种到北方，则开花期延迟。同一品种在不同季节种植，春播时，播种至采收嫩荚所需的天数较多，夏播则所需的天数较少。有些菜用豇豆品种对光周期的反应不敏感，适应性较广，不同地区间引种时，均可正常开花结荚。早熟品种一般对光照时间不敏感，晚熟品种趋向于短日性。

在广东、福建、广西等南方地区栽培的一部分豇豆品种，对光照要求较严，只有在短日照条件下才会开花结荚，在长日照条件下只长茎蔓，近似徒长状态，如果在北方长日照地区引种往往结荚稀少。目前生产上栽培范围较广、种植较多的长豇豆品种，对光照反应不敏感，春、秋季均能种植，南、北方均可栽培。

豇豆喜强光照，充足的光照有利于花序的抽伸、果荚的着生与发育。在豇豆开花结荚期，若光照不足，会引起落花落荚。豇豆在菜用豆类中最耐阴，可与高秆作物间作或套种，但过度遮阴对豇豆花序的抽伸与坐荚有明显的不利影响。

（三）水分

豇豆叶片蒸腾量小，根系深，吸水力强，耐土壤干旱比耐空气干旱的能力强，豆类作物中其抗旱性仅次于绿豆，强于豌豆、菜豆、红小豆。

豇豆不同生育期对水分的要求不同，发芽期需吸收种子重量60％的水分才能发芽，播种后若水分过多、土壤中空气缺乏则极易造成烂种。幼苗生长期间为促使深扎根、防徒长，一般不宜浇水；进入开花结荚期需要充足水分，应保持土壤湿润状态，但过多的水分也会引起徒长，并引发落花落荚和病害的发生。如果土壤干旱、空气干燥，会引起植株生长不良，导致蕾、花、幼荚脱落。

此外，土壤水分过多，也不利于根系和根瘤菌的活动，植株容易烂根发病。根瘤菌最适宜的土壤水分含量是最大持水量的50％～80％。遇大雨后应及时排水。

（四）土壤与肥料

豇豆对土壤的适应性较广，耐瘠薄，大多数土壤都可种植，以土壤 pH 6.2～7.0 最适宜，过酸或过碱都不利于根系和根瘤发育。豇豆稍能耐盐，以排水良好、土层深厚、有机质含量高、保肥保水性强的中性壤土最好。过于黏重或低洼、涝渍土壤，不利于根系与根瘤发育，产量低。豇豆不宜连作，以间隔 2～3 年为好。

豇豆对肥料的要求不高，在植株生长前期，由于根瘤尚未充分发育，固氮能力弱，应该适量供应氮肥。开花结荚后，植株对磷、钾元素的需要量增加，根瘤菌的固氮能力增强，这个时期由于营养生长与生殖生长并进，对各种营养元素的需求量增加。每生产1 000千克鲜荚，需要纯氮 10～12 千克，五氧化二磷 2.5～4.5 千克，氧化钾 9～10 千克。

总之，豇豆生育前期应适当控制水肥，少施氮肥，增施磷、钾肥，使之稳长稳发，促进根瘤的生长发育。如果前期氮肥过多，会使茎蔓徒长，延迟开花结荚，因此应将氮磷钾肥配合施用。此外，应注意补施硼肥、钼肥，以促进结荚，增加产量。

五、豇豆的生育期

豇豆的生育期是指从种子萌发到嫩荚全部采收的生长发育过程，主要是豇豆嫩荚产品的栽培过程。在豇豆生育期中，大部分时间是营养生长和生殖生长并进的。生育期的长短因品种、栽培地区、栽培季节和栽培方式的不同而不同，一般蔓生品种为120～150天，矮生品种为90～100天。全期可分为四个时期：发芽期、幼苗期、抽蔓期和开花结荚期。

（一）发芽期

在土壤水分、温度、氧气适宜的条件下，豇豆种子吸水萌发，胚根先伸入土中，随着下胚轴伸长，子叶包着幼芽拱出地面。幼茎继续伸长，经过4～5天，第1对真叶展开。从种子萌动至第1对真叶展开的时段，即为豇豆发芽期。

子叶刚出土时，植株仍不能进行光合作用，此时植株主要靠贮藏在种子内的养分在发芽时分解后加以使用，第1对真叶展开后植株才可进行光合作用。

（二）幼苗期

从第1对真叶展开至4～6片复叶展开（蔓生种到开始抽蔓，矮生种至3片复叶展开）为幼苗期。植株在20℃以上条件时，幼苗期为15～20天；在15℃以下的条件时，幼苗期则延长。豇豆幼苗在第2～3片真叶展开时便开始发生花序轴原始体，而后着生花原始体，进入生殖生长。此期以营养生长为主，茎部节间短，地下部生长快于地上部，根系开始木栓化。

春季栽培中，如遇气温在15℃以下的低温和阴雨天气，豇豆较容易出现幼苗根腐病而死苗。夏季栽培时遇高温多雨天气，则容易发生猝倒病。因此，幼苗期遇到不良气候要注意防治根腐病和猝倒病。

（三）抽蔓期

从4～6片复叶展开至植株现蕾为抽蔓期，一般为10～15天。这个时期主蔓迅速伸长，并孕育花蕾，基部开始在第1对真叶及主蔓第2～3节叶腋处抽出侧蔓，根瘤也开始形成。

抽蔓期需要较高温度和良好的日照，在此条件下，茎蔓较粗壮，侧蔓发生也较快。此期植株容易出现生长过旺现象，应促使根系下扎，防止茎蔓徒长和开花结荚推迟。如果温度过低或过高，阴天多，则茎蔓生长较弱。若抽蔓期土壤湿度大，则不利于根的发育和根瘤的形成，且易引起根腐病。

（四）开花结荚期

开花结荚期是指现蕾至豆荚采收结束的时期，是形成产量的关键时期，需50～60天。针对具体单荚而言，现蕾至开花5～7天，开花到商品豆荚采收一般8～13天，商品豆荚至豆荚生理成熟还需4～10天。豇豆在开花结荚期，一方面植株抽出花序和开花结荚，另一方面继续茎叶生长，发展根系和形成根瘤。豇豆品种不同，生育期差异较大。栽培方式、播种期、土壤肥力条件及管理技术水平，对嫩荚采收期的早晚和结荚期的长短影响较大。

由于开花结荚期的生长量大，生长迅速，因此在开花结荚期一定要满足植株的养分需求，同时保证充足的水分和光照。如果开花结荚期田间管理不当，往往导致蔓叶生长不良，影响开花结荚；或蔓叶生长茂盛，导致延迟抽出花序、少抽出花序或引起落花落荚。开花结荚期如果营养生长过于旺盛，就会抑制生殖生长；如果营养生长受到抑制，茎叶长势弱，植株生长量不足而早衰，开花结荚期便缩短。此外，田间水分过多或干旱，温度过高或过低，光照太弱以及病虫害等，这些都是引起落花落荚的重要原因。

开花结荚期，植株需要大量的营养，且豇豆的根瘤又远不及其他豆科植物发达，因此必须供给一定数量的氮肥；但也不能偏施氮肥，如施用氮肥过多，容易导致植株徒长，延迟开花结荚甚至造成落花落荚，因此应注意氮磷钾肥的配合施用，并且开花结荚期应当适当增加磷钾肥的比例。

第二章

主要栽培品种

豇豆按食用部位分为食荚（软荚）和食豆粒（硬荚）两种。其中，食荚豇豆又称菜用豇豆，按果荚品质又分为软荚类和半软荚类，按鲜荚颜色和形状分为绿荚、浅绿荚、白绿荚、花荚、紫荚、盘曲荚等；食豆粒豇豆常称为饭豇豆，荚较硬，籽粒供食，一般作杂粮。这里重点介绍食荚豇豆的两种类型。

软荚豇豆荚果的果皮机械组织不发达，而薄壁细胞组织发达，纤维少，在果荚充分肥大时不硬化；豆粒发育晚，果肉厚，横截面为圆形，肉质致密脆嫩，果皮表面光滑，荚形平直。鲜荚食用品质好的品种属于软荚类型。各地主栽的青荚品种和长荚品种多属于此类，如之豇 28-2、宁豇 3 号等。

半软荚豇豆荚果的果皮机械组织发达，果皮在豆粒发育时逐渐硬化，纤维增多，果肉薄，质地较硬实，豆粒发育早。嫩荚采收时豆粒已突起，使果皮皱缩。荚果的横截面为扁圆或近圆形，果荚和嫩豆均可食用，肉质韧，食用品质较差，但营养价值高。半软荚豇豆的荚条一般较短，如紫秋豇 6 号等，栽培规模也相对较小。

豇豆按茎的生长习性可分为矮生豇豆和蔓生豇豆。

一、矮生豇豆

矮生豇豆一般称为无架豇豆，株高在 1 米以下，节间密，分枝多。较早熟，主茎第 3～4 节着生第 1 花序，第 4～8 节顶端形成花序，植株形成分枝较多的株丛，结荚早，生育期短。以侧枝结荚为主，花序腋生，开花结荚集中。种植该类型品种不需搭架，适于春保护地提早栽培或秋延后栽培。主要品种有以下几种。

1. **长秆矮豇** 由南京蔬菜科学研究所以架豇豆自交系 cg-1-3 为母本，以美国无架豇豆为父本，进行杂交、分离后，经系统选育而成。矮生，中晚熟，荚长 30～40 厘米、粗 0.7～0.8 厘米，单荚质量为 12～16 克，长圆条形，每荚籽粒数为 9～12 粒；豆荚肉质脆嫩，纤维少，味甜，品质优；花梗长而硬，长度大多在 35～45 厘米，大于豇豆长度，对豇豆荚起较强的支撑作用，并保证豇豆在整个生长期间基本不拖地，便于采收。平均亩* 产鲜荚 1 300 千克左右，田间对锈病、叶斑病的抗性强于美国无架豇豆，具有抗逆性强、适应性广等特性。

2. **美国白籽矮豇** 国外引进品种。植株矮生，株高 55 厘米，叶卵圆形，浓绿色，分枝 3～4 个，花梗 4～8 条，白花，白粒，具无限结荚习性，荚长 55～60 厘米，粗 1.0～1.2 厘米，幼荚浅绿色，后期乳白色，荚肉丰厚，质细，纤维少，食味甘甜，耐老化，商品性佳。对光照不敏感，春、夏、秋均可种植。极早熟，春播 55 天结荚，夏播 25 天开花，38 天即可采摘，并有连续结荚习性，结荚期长达 80～120 天。抗逆性强，喜肥，耐贫瘠，抗热，抗倒伏，适应性广，平均亩产 2 500 千克左右。

3. **美国无架豇豆** 20 世纪 80 年代引自美国。植株矮生，茎短粗，长 20～25 厘米，节间密，基部着生 3～5 个侧枝，各侧枝长出 3～4 条花梗，梗长 40 厘米左右，粗壮直立富弹性，抗风力强，不需支撑。梗尖离地面 50～60 厘米（即整个植株的高度）。花梗顶部的 3～4 厘米范围内，从下至上陆续着生花蕾。豆荚长 40～60 厘米，粗 0.9～1.2 厘米，幼荚浅绿色，后期乳白色，肉厚，质细，纤维少，食味佳，豆荚重 20～30 克，荚长 40 厘米左右。着粒密，

---

* 亩为非法定计量单位，1 亩=1/15 公顷≈667 米^2。——编者注

灰白色。春、夏、秋均可种植，早熟，春播 60 天采收，夏、秋播 40 天可收获，栽培不搭架，省工、省料。平均亩产 1 800千克左右。

4. 鄂豇豆 7 号（矮虎） 由江汉大学生命科学学院、湖北省豆类（蔬菜）植物工程技术研究中心选育而成。植株矮生，生长势强，分枝较多，主茎粗壮、绿色，节间短，适于无支架栽培。叶色深绿，叶片中等大小。主茎第 1 花序着生在第 4～6 节，各节均有花穗，每花穗多生对荚，浅紫色花。植株连续结荚力强，单株平均结荚 13 个左右。嫩荚浅绿色，长圆条形，荚腹缝线较明显，荚略有红嘴。平均荚长 43 厘米，荚粗 1.1 厘米，平均单荚重 27 克。荚条较直，肉较厚，质地较软，口感佳。种皮红棕色，短肾形，平均每荚种子粒数为 16 粒，千粒重 155 克。春季栽培从播种到始收嫩荚 51 天左右，连续采收 40 天，全生育期 91 天左右；秋季栽培从播种到始收嫩荚 41 天左右，连续采收 30 天，全生育期 71 天左右。对光周期反应不敏感，田间枯萎病、锈病的发生率低，平均亩产 1 000千克左右。

5. 之豇矮蔓 1 号 由浙江省农业科学院蔬菜研究所推出的矮生豇豆品种。株型紧凑，叶片较小，叶色深绿。植株矮生，有效主蔓高约 40 厘米，主蔓抽生细弱且小。植株直立性好，无须搭架，分枝力强。单株分叉 2～4 条，主侧蔓均能结荚，有效花序 10 余条，单株结荚 10 条左右。荚长约 35 厘米，单荚重 13～17 克，嫩绿色，品质佳，种子红褐色。春季露地栽培从播种至始花约 45 天，播种至始收约 55 天，全生育期 80～100 天，平均亩产 1 000～1 400千克。

6. 早矮青 由吉林省长春市郊区铁北园艺场推出的矮生豇豆品种。植株矮生，生长势强，株高 60 厘米。主蔓第 2～4 节有 1～3 个分枝，第 1 花序着生在主蔓第 4～5 节。花淡紫色，单株结荚 10～14 条。嫩荚浓绿色，荚长 40～45 厘米，粗 0.7～0.8 厘米，单荚重 13～16 克。肉较厚，品质好。老熟荚长 50～58 厘米，粗 1.2 厘米，有种子 13～18 粒，种子紫红色，肾形。早熟，从播种至采收 65 天。结荚期集中，采收期 20～30 天。抗病毒病，较抗锈病，平均亩产 1 500～2 000 千克。

二、蔓生豇豆

蔓生豇豆一般称为架豇豆，主茎的顶芽为叶芽，可不断生长，蔓长 2.5～4 米，节间较长。早熟品种在主蔓第 3～4 节着生第 1 花序，中晚熟品种在主蔓第 7～9 节着生第 1 花序，连续结荚力强，生育期 100～120 天。我国的蔓生豇豆资源十分丰富，有些品种的侧枝生长势较强，主侧蔓均可结荚，而有些品种的分枝力较弱，以主蔓结荚为主。栽培中，该类型品种都需要搭支架，且以露地栽培为主。主要品种如下。

1. **詹豇 215**　由湖南省常德市蔬菜科学研究所以泰豇 1 号为母本、早生王为父本进行人工授粉杂交后系统选育而成。植株蔓生，主蔓长 2.8～3.2 米，2～3 个分枝，中部节间长 18～21 厘米，花序枝长 25～32 厘米，叶深绿色，第 1 花序着生在第 2～3 节，每一花序可结荚 2 条，最多 4 条。主侧蔓均可结荚，花白色。豆荚为白绿色，平均荚长 80 厘米，单荚重 29 克。种子较小，肾形，种皮白色，部分种子的种皮有破裂，单荚种子数 12～18 粒，千粒重100～110 克。早熟。春季栽培，播种至始花 46 天，播种至始收 52～54 天，全生育期 85～95 天，平均亩产量 2 200～2 300 千克；夏季栽培，播种至始花 34～37 天，播种至始收 42～44 天，全生育期75～85 天，平均亩产 1 800～2 000 千克。较耐热，可用于春露地及夏、秋季栽培，适于长江流域及以南地区栽种。

2. **天畅 1 号**　由湖南省常德市蔬菜科学研究所从农家品种（87-3）自然变异株中系统选育而成。中熟品种。春季栽培，播种至始花 55～60 天，播种至始收 62～67 天，全生育期 85～95 天；夏季栽培，播种至始花 35～40 天，播种至始收 42～47 天，全生育期 70～80 天。植株蔓生，主蔓长 2.8～3.2 米，节间长 18.6 厘米左右，花序枝长 31.2 厘米左右。叶深绿色，第 1 花序着生于第6～

8节，每一花序可结荚1～4条。主侧蔓均可结荚，花淡紫色，豆荚白绿色，平均荚长85厘米，横径0.75～0.95厘米，单荚重22～28克。荚肉肥厚，肉质脆嫩，风味好，商品性好，腌制加工或鲜食均可。种子肾形，褐色，单荚种子数12～18粒，千粒重155克左右。春季栽培平均亩产2 000～2 500千克，夏、秋季栽培平均亩产1 800～2 200千克。

3. **天畅4号**　由湖南省常德市蔬菜科学研究所通过国外引进资源澳洲1号经人工杂交后系统选育而成。中熟品种。春季栽培，播种至始花50～55天，播种至始收60～65天，全生育期85～100天；夏季栽培，播种至始花35～40天，播种至始收42～47天，全生育期70～80天。植株蔓生，主蔓长2.8～3.2米，节间长18.5厘米左右，花序枝长30.6厘米左右。叶深绿色，第1花序着生于第6～8节，每一花序可结荚2～3条，主侧蔓均可结荚。花淡紫色，豆荚白绿色，平均荚长60厘米，横径0.8厘米左右，单荚重约25克。荚肉肥厚，肉质脆嫩，风味好，商品性好，腌制加工或鲜食均可。种子肾形，褐色，单荚种子数12～18粒，千粒重165克左右。春季栽培平均亩产2 000～2 500千克，夏、秋季栽培平均亩产1 800～2 200千克。

4. **天畅5号**　由湖南省常德市蔬菜科学研究所从农家资源杨家豇豆与其他豇豆品种的杂交后代中系统选育而成。早熟品种。春季栽培，播种至始花45天，播种至始收52天，全生育期85～95天；夏季栽培，播种至始花32～35天，播种至始收40～42天，全生育期70～80天。植株蔓生，主蔓长2.8～3.2米，节间长18.6厘米左右，花序枝长31.2厘米左右，叶深绿色，第1花序着生于第2～3节，每一花序可结荚2条，最多4条。主蔓结荚为主，花淡紫色。豆荚白绿色，平均荚长65厘米，横径0.75厘米左右，单荚重22克。荚肉肥厚，肉质脆嫩，风味好，商品性好，腌制加工或鲜食均可。种子肾形，褐色，单荚种子数12～18粒，千粒重150克左右。较耐热，春季栽培平均亩产2 000～2 500千克，夏、秋季栽培平均亩产1 800～2 200千克。

5. 天畅6号 由湖南省常德市蔬菜科学研究所选育而成。中熟品种。春季栽培，播种至始花50～55天，播种至始收60～65天，全生育期85～100天；夏季栽培，播种至始花35～40天，播种至始收42～47天，全生育期70～80天。植株蔓生，主蔓长约3米，节间长18.5厘米左右，花序枝长28厘米左右。叶深绿色，第1花序着生在第3～4节，每一花序可结荚2～3条，主侧蔓均可结荚，花淡紫色，豆荚油青色，平均荚长60厘米左右，横径0.75厘米左右，单荚重约20克。荚肉肥厚，肉质脆嫩，风味好，商品性好，腌制加工或鲜食均可。种子肾形，褐色，单荚种子数12～18粒，千粒重140克左右。春季栽培平均亩产1 900～2 300千克，夏、秋季栽培平均亩产1 800～2 100千克。

6. 天畅9号 由湖南省常德市蔬菜科学研究所从四川地方品种王氏早豇与江西豇豆彩蝶2号杂交后代中系统选育而成。属早熟白绿色豇豆品种。植株蔓生，主蔓长2.8～3.2米，2～3个分枝，叶深绿色，花瓣紫色。第1花序着生于第3～4节，主侧蔓均可结荚，每一花序可结荚2条，最多4条。豆荚为白绿色，荚面光亮，平均荚长66厘米，单荚重23克，单荚种子数12～18粒。种子肾形，种皮褐色，千粒重150～160克。较耐热，可用于春露地及夏秋季栽培。春季栽培，播种至始花46天，播种至始收55～56天，全生育期90～100天；夏季栽培，播种至始花34～37天，播种至始收42～44天，全生育期85～95天。荚肉肥厚，肉质脆嫩，风味好，商品性好，腌制加工或鲜食均可。春季栽培亩产2 200～2 400千克，夏、秋季栽培平均亩产1 800～2 000千克。

7. 早生王 由湖南省常德天成种业有限责任公司培育的极早熟豇豆品种。植株长势强壮，分枝少，叶片小，蔓长2.5～3.5米。主蔓结荚为主，主蔓第1花序着生于第2～4节，每花序成荚2～4条，最多达6条。荚白绿色，长65厘米，横径0.9～1厘米，单荚重22～27克，荚内种子12～20粒。该品种最大特点是极早熟，春播55天采收，夏播35天采收，全生育期100天。适应性强，南北均可种植，平均亩产2 500～3 000千克。

8. 长豇101　由湖南省长沙市蔬菜科学研究所育成的早中熟豇豆品种。植株蔓生，生长势强，分枝力中等，叶色较绿，叶宽9～10厘米，在主蔓第3～4节开始结荚，持续结荚、翻花能力强。春播60天左右采收，夏秋播40～50天开始采收，采收期30～45天，不早衰、不鼓籽、肉质厚、耐贮运。商品荚嫩绿色，长71厘米左右，横径1.0厘米左右，单荚重25克左右，平均亩产约3 000千克，适于长江流域春、夏、秋季播种。

9. 之豇特早30　浙江省农业科学院园艺研究所培育的特早熟豇豆品种。该品种属蔓生型、特早熟豇豆新品种。分枝少，主蔓结荚为主。三出叶单叶较狭长，呈尖矛形，叶片较小，叶色较深。特早熟，常规露地栽培，播种至始花需35天左右，开花后10～12天后即可采收豆荚，采收期长达20～40天，全生育期80～100天。初花节位低，平均从第3节开始结荚。嫩荚淡绿色，匀称，长60厘米左右，单荚重20克左右，商品性好。该品种抗病毒病，适宜于全国各地种植。

10. 浙翠3号　由浙江之豇种业有限责任公司选育而成。植株蔓生，生长势较强，分枝中等；第1花序着生于第5～6节，花紫红色，三出复叶，小叶长12.1厘米、宽8.8厘米；每花序结荚2～4条，平均每株结荚18～20条，平均荚长65厘米，荚宽0.9厘米，平均单荚重29.8克，条荚粗细匀称，肉厚，肉质致密；荚色油绿，商品性好；种皮朱红色，长圆形，百粒重15克。中熟偏晚，全生育期119天，嫩荚采收期35天左右。田间表现煤霉病、锈病、白粉病发病较轻。

11. 浙翠5号　由浙江之豇种业有限责任公司选育而成。植株蔓生，生长势中等偏强，分枝适中。第1花序着生于第3～4节，花白色。三出复叶，小叶长10.3厘米、宽6.5厘米。每花序结荚2～4条，平均每株结荚18～20条，荚长69厘米，平均单荚重28.3克，条荚匀称，肉厚，肉质致密，荚色淡绿。种子肾形、土黄色，有花纹，百粒重13克。中熟偏早，全生育期116天，嫩荚采收期33天左右。田间表现病毒病与煤霉病发病较轻。

12. **浙翠9号** 由浙江之豇种业有限责任公司通过浙翠2号与夏宝2号杂交后系统选育而成。中熟偏晚品种。植株蔓生，生长势较强，侧枝较多，主侧蔓均可结荚；第1花序着生于第7～8节，花紫红色，三出复叶，顶生小叶长13.5厘米、宽8.5厘米；每花序结荚2～3条，单株结荚12～14条，荚长69.5厘米、宽0.9厘米，单荚重30.5克，豆荚粗细匀称，肉厚，肉质致密；嫩荚浅绿色，商品性好；种皮红色，肾形，百粒重15.5克。全生育期122天，嫩荚采收期38天左右。经浙江省农业科学院植物保护与微生物研究所鉴定，抗病毒病，中抗煤霉病、枯萎病。

13. **之豇108** 由浙江省农业科学院蔬菜研究所、丽水市绿溢农业发展有限公司、丽水市莲都区农业局等单位选育而成。中熟品种，秋季露地栽培播种至始收需42～45天，花后9～12天采收，采收期20～35天，全生育期65～80天。植株蔓生，单株分枝约1.5个，生长势较强，不易早衰。主蔓第5节左右着生第1花序，花蕾油绿色，花冠浅紫色；每花序结荚2条左右，单株结荚数8～10条，嫩荚油绿色，荚长约70厘米，平均单荚重26.5克，横切面近圆形，肉质致密（密度0.95克/厘米^3）。单荚种子数15～18粒，种子胭脂红色、肾形，百粒重约15克。对病毒病、根腐病和锈病综合抗性好，较耐连作。

14. **之豇616** 由浙江省农业科学院蔬菜研究所和杭州市萧山区农业科学研究所通过春宝与扬豇40杂交后系统选育而成。中熟品种。植株蔓生，生长势中等，不易早衰，单株分枝约1.1个，叶色绿，三出复叶顶生小叶较大；主侧蔓均可结荚，主蔓第5～6节着生第1花序；单株结荚数10条以上，每花序可结2～3条；嫩荚绿色，平均荚长65.3厘米，平均单荚重27.3克，横切面近圆形，商品性佳，肉质中等；平均单荚种子数19.8粒，种子百粒重16.3克，红棕色，肾形；耐涝性强，中抗枯萎病。春季露地栽培，播种至始收约57天，全生育期84天；秋季露地栽培，播种至始收约52天，全生育期80天。

15. 鄂豇1号 由湖北省农业科学院育成的纯白豇豆品种。植株蔓生，生长势强，蔓长3～3.5米，有分枝2～3个，叶片较大，深绿色。春季栽培第1花序着生在第2～4节，秋季栽培第1花序着生在第4～6节，花冠紫色略带蓝色，多回头花，结荚期长，生育期100～110天。嫩荚白绿色，成熟荚银白色，荚粗1～1.2厘米，长65～80厘米，单荚重20～22克，单荚种子17～23粒，种子肾形，略扁，种皮红色，多脐纹，千粒重178克，品质佳，肉厚，耐老化，平均亩产2 200千克左右。

16. 春秋红紫皮长豇豆 由武汉市蔬菜科学研究所推出的紫红色豇豆品种。植株蔓生，株高3米左右，开展度45～50厘米，生长势强。叶绿色，小叶卵圆形，长13～15厘米，宽9厘米。主蔓第6～7节着生第1花序，花淡蓝紫色，每花序结荚2～3条。商品荚紫红色，长圆条形，荚长50～60厘米，宽0.9厘米，厚0.85厘米，单荚重20～25克。单荚种子数18～21粒，老熟种子红褐色，有条纹，肾形，千粒重150克。早中熟，播种后60天始收。生长势强，耐热，适应性广，适于春秋两季栽培，平均亩产1 500～2 000千克。

17. 鄂豇豆6号（柳翠） 由江汉大学生命科学学院、武汉市文鼎农业生物技术有限公司选育而成。植株蔓生，主茎粗壮，绿色，节间较短，生长势强，分枝少。叶片较小，叶色深绿，第1花序着生于第3～4节，花紫色，单株结荚14个左右。鲜荚浅绿色，平均荚长57.6厘米，荚粗0.8厘米，平均单荚重18.9克，荚条直，肉厚。种子肾形，红棕色，平均每荚种子19粒，千粒重140克。春播全生育期88天左右，从播种至始收嫩荚48天左右，延续采收40天。秋播全生育期68天左右，从播种至始收嫩荚38天左右，延续采收30天。对光周期反应不敏感，平均亩产1 800千克左右。

18. 鄂豇豆12 由江汉大学生命科学学院、湖北省豆类（蔬菜）植物工程技术研究中心、武汉市文鼎农业生物技术有限公司选育而成。植株蔓生，分枝2～4个，节间短。生长势较强，叶色深绿，叶片较小。第 1 花序着生于第 4～6 节，花紫色，每个花序有 2 对以上花芽，一般结荚 1～4 根，以对荚居多。商品荚绿色，长圆条形，有红嘴，平均荚长 68.4 厘米，荚粗 0.77 厘米，单荚重 24.3 克，单株结荚 13 个，荚条均匀，肉厚，较耐老，适于鲜食、腌渍和干制加工。种皮黑色，短肾形，单荚种子数 18 粒，千粒重 120 克左右。春播地膜栽培 48 天开花，56 天始收嫩荚。夏、秋播 40 天开花，47 天始收嫩荚。结荚集中，持续结荚力强，对光周期不敏感，平均亩产 1 800 千克左右。

19. **鄂豇豆 14**　由江汉大学生命科学学院、湖北省豆类（蔬菜）植物工程技术研究中心选育而成。植株蔓生，分枝 1～2 个，节间短。生长势旺，叶片较大。第 1 花序着生于第 3～4 节，花紫色，每个花序有 2 对以上花芽，一般结荚 1～4 根。商品荚深绿色，长圆条形，荚长 65.7 厘米，荚粗 0.8 厘米，单荚重 27.8 克，单株结荚 14 个，荚条均匀，肉质紧密，耐老，耐贮运，适于鲜食和加工。种皮红褐色，无光泽，单荚种子数 16～18 粒。早熟品种。春播地膜覆盖栽培 48 天开花，56 天始收嫩荚。夏、秋播 38 天开花，45 天始收嫩荚。结荚集中，持续结荚力强，对光周期不敏感，平均亩产 2 000 千克以上。

20. **苏豇 1 号**　由江苏省农业科学院蔬菜研究所以宁豇 3 号、镇豇 1 号为杂交亲本，采用系谱选育法育成。植株生长势强，结荚性好。豆荚扁圆形，绿白色，种子红褐色。煮、炒易烂，腌制时不易腐烂、较脆，口感风味较好。区试平均结果：播种至采收嫩荚约 65 天，全生育期 98 天，株高 3.5 米，荚长 70.2 厘米，单荚重 27.5 克。鲜荚干物质率 10.2%，粗纤维含量 1.3%。抗逆性较强。平均亩产 3 000 千克左右，适宜春季大棚或秋季露地栽培。

21. **苏豇 3 号**　由江苏省农业科学院蔬菜研究所以早豇 1 号为母本、镇豇 1 号为父本，经杂交选育而成。蔓生，株高 2.5 米以上，生长势强。中熟品种，全生育期 102 天左右。花紫红色，主蔓第 1 花序着生节位平均为 4.8 节。荚绿白色，扁圆形，荚长 60.8

厘米，单荚重 20.3 克。显籽性弱，耐贮性较好，品质优。耐热性强，田间观察对锈病、叶霉病、病毒病抗性较强。平均亩产 1 454.9千克。

22. **苏豇 5 号**　由江苏省农业科学院蔬菜研究所以早豇 2 号为母本、苏豇 1 号为父本，经杂交选育而成。蔓生，株高 2.5 米以上，生长势强。中熟品种。春播从播种至始花 60.4 天，全生育期 101 天左右。叶片浅绿色，花紫红色，主蔓第 1 花序着生节位平均为 4.7 节。荚白绿色，扁圆形，荚长 62.1 厘米，荚粒数 19.3 粒，单荚重 21.5 克。显籽性弱，耐采性好，品质优。耐热性强，耐低温弱光。田间观察对锈病、叶霉病、病毒病抗性强。平均亩产 1 479.44千克。

23. **早豇 4 号**　由江苏省农业科学院蔬菜研究所以早豇 1 号、扬豇 40 为杂交亲本，采用系谱选育法育成。植株生长势强，结荚性好。豆荚扁圆形，淡绿色，种子红褐色。煮、炒易烂，腌制时不易腐烂、较脆，口感风味较好。区试平均结果：播种至采收嫩荚 55 天，全生育期 85 天，株高 3.5 米，荚长 72.4 厘米，单荚重 28.2 克。抗逆性较强。平均亩产 3 000～3 200 千克，适宜春季大棚栽培或秋季露地栽培。

24. **宁豇 3 号**　由南京市蔬菜种子站以之豇 28-2 和白豇 2 号的优良单株为亲本，经杂交后系统选育而成。该品种植株蔓生，分枝 4～5 个，叶片中等大小，生长势强，主侧蔓可同时结荚。第 1 花序着生于主蔓第 2～3 节，侧蔓第 1 节。极早熟品种。结荚率高，一般单株第 16 节以下可着生 8～10 个花序，每序有 2～3 荚。嫩荚白绿色，顶尖红色，荚面平整，荚长 70～80 厘米。荚条均称，单荚重 30 克左右，肉质脆嫩，耐老化，商品性极佳。平均亩产 5 000～6 000 千克。适应性强，抗病，既耐低温又耐高温，对光照不敏感，可在我国南北各地广泛推广种植。

25. **宁蔬 1 号**　由南京市蔬菜科学研究所以宁蔬春早为母本、泰利美宝为父本，经杂交选育而成。蔓生，株高 2.5 米以上，生长势强。早中熟，春播从播种至始花 59.6 天，全生育期 101.3 天。

叶片绿色，花紫红色，主蔓第1花序着生节位平均为5.1节。荚色白绿，荚长61.8厘米，荚宽0.82厘米，荚粒数18.2粒，单荚重19.5克，喙绿色，显籽性弱。耐采性中等；质脆嫩，纤维少，味甜；种子红色。耐热、耐旱性好。平均亩产1 417.4千克。

26. **扬豇40** 由江苏省扬州市蔬菜研究所选育的优良品种。植株蔓生，生长势强，主侧蔓均结荚，尤以侧蔓结荚性能较好，主蔓在第7～8节开始出现花序，侧蔓第1花序着生在第1～2节，花紫色。嫩荚长圆条形，长65厘米以上，横径0.8厘米左右，单荚重18～25克。嫩荚浅绿色，肉质嫩，纤维少，味浓，品质佳。中晚熟，从播种至始收嫩荚60～65天。平均亩产1 600～2 300千克。耐热性强，耐涝，耐旱，抗病，适应性广，不易老化。

27. **镇豇2号** 由江苏省镇江市镇研种业有限公司以青豇80为母本、之豇28-2为父本，经杂交选育而成。植株蔓生，中熟，花紫色，嫩荚翠绿色，平均荚长61.73厘米，宽0.8厘米，平均单荚重25.28克。条形顺直，鲜荚背缝线不明显，纤维素含量少，蛋白质含量39.8%，口感评价为脆糯。从播种至采收嫩荚63.6天。平均亩产1 557千克，适合全国春秋露地栽培。

28. **帮达9号** 由扬州帮达种业有限公司、扬州帮达蔬菜研究所有限公司以扬早豇12为母本、青豇80为父本，经杂交选育而成。蔓生，株高2.5米以上。早熟品种。春播从播种至始花59.4天，全生育期100.3天。叶片绿色，花紫红色，主蔓第1花序着生节位平均为4.6节。荚色白绿，荚长58.9厘米，荚粒数17.5粒，单荚重19.3克，喙绿色，显籽性中等；耐采性中等；种子红色，百粒重17.5克。耐旱性好，抗病性较强。平均亩产1 300.60千克。

29. **帮达10号** 由扬州帮达种业有限公司、扬州帮达蔬菜研究所有限公司以扬豇40为母本、青豇80为父本，经杂交选育而成。蔓生，株高2.5米以上。中熟，春播从播种至始花61.7天，全生育期101.0天。叶片绿色，花紫红色，主蔓第1花序着生节位平均为5.0节左右。荚色白绿，荚长59.9厘米，荚粒数19.0粒，单荚重19.9克，喙绿色，显籽性弱，耐采性好；种子红色，百粒重17.5克。耐旱性好，抗病性较强。平均亩产1 405.41千克。

30. 泰利8号　由江西农业大学农学院选育而成。植株蔓生，生长势强，早中熟品种，分枝力中等，主侧蔓均可结荚。叶片中等大小，叶深绿色，叶长11.2厘米，宽9.1厘米。第1花序着生于第4～5节，花为淡粉红色。商品豆荚嫩绿色，荚长65厘米左右，荚粗0.8厘米左右，荚条粗细均匀、光滑整齐，荚肉厚、商品性好。种子肾形，红褐色，千粒重125～130克。

31. 华赣绿秀　由江西华农种业有限公司通过特早30变异株与海南白籽豆角杂交选育而成。早中熟品种。植株蔓生，生长势强，分枝力中等。主侧蔓均可结荚。叶片中等大小，叶深绿色，叶长11.2厘米，宽9.1厘米。第1花序着生于第3～4节，花为浅紫色。商品豆荚嫩绿色，荚长70厘米左右，荚粗0.86厘米左右，荚条粗细均匀、光滑整齐，荚肉厚、商品性好。种子肾形，红褐色，千粒重130克左右。

32. 彩蝶1号　由江西华农种业有限公司通过赣豇35变异株与特早30变异株杂交选育而成。早中熟品种，春季种植全生育期90～96天。该品种植株蔓生，生长势强，整齐一致。主蔓结荚为主，分枝力中等，主蔓长250～300厘米。叶色深绿，阔卵圆形，第1花序着生于第3～4节，连续结荚能力强。商品荚白绿色，荚长65～70厘米，荚粗0.80厘米，单荚重38克左右，豆荚整齐一致，商品性好。口感脆嫩、清香、风味好。种皮红褐色、肾形。春季栽培，平均亩产2 853.6千克；夏季栽培，平均亩产2 759.9千克。

33. 彩蝶2号　由江西华农种业有限公司通过赣豇35变异株与A71号豇豆杂交选育而成。早中熟品种，春季种植全生育期93～99天。该品种植株蔓生，生长势强，整齐一致。主侧蔓均可结荚，以主蔓结荚为主，分枝力中等，主蔓长250～300厘米。叶色深绿，阔卵圆形，第1花序着生于第4～5节，中上层结荚集中，连续结荚能力强。商品荚嫩绿色，荚长60～70厘米，荚粗0.83厘米，单荚重41克左右，豆荚整齐一致，商品性好。口感脆嫩、清香、风味好。种皮红褐色、肾形。春季栽培，平均亩产2 906.3千克；夏季栽培，平均亩产2 794.4千克。

34. **海亚特** 由江西华农种业有限公司通过A71号豇豆与B73号豇豆杂交选育而成。早中熟品种，春季种植全生育期95～103天。该品种植株蔓生，生长势强，整齐一致。主侧蔓均可结荚，以主蔓结荚为主，分枝力中等，主蔓长250～300厘米。叶色深绿，长卵圆形，第1花序着生于第4～5节，中上层结荚集中，连续结荚能力强。商品荚嫩绿色，荚长65～70厘米，荚粗0.85厘米，单荚重40克左右，豆荚整齐一致，商品性好。质脆、爽口、风味好。种皮红褐色、肾形。春季栽培，平均亩产2 897.5千克；夏季栽培，平均亩产2 838.3千克。

35. **赣秋红** 由江西华农种业有限公司通过紫秋豇六号变异单株与紫红长豇豆杂交选育而成。早中熟品种。该品种植株蔓生，生长势强，整齐一致。主侧蔓均可结荚，以主蔓结荚为主，分枝力弱，主蔓长250～300厘米。叶色深绿，阔卵圆形，第1花序着生于第4～5节，连续结荚能力强。商品荚紫红色，荚长60～65厘米，荚粗0.75厘米，单荚重33克左右，豆荚整齐一致，商品性好。口感脆糯，风味好。种皮红褐色、肾形。春季栽培，平均亩产2 293.3千克；夏季栽培，平均亩产2 312.2千克。

36. **银豇2号** 由江西华农种业有限公司通过银豇1号变异株与赣豇35变异株杂交选育而成。早熟品种。该品种植株蔓生，生长势强，整齐一致。主侧蔓均可结荚，以主蔓结荚为主，分枝力弱，主蔓长250～300厘米。叶色深绿，阔卵圆形，花呈蝶形，第1花序着生于第3～5节，连续结荚能力强。商品荚银白色，荚长70～75厘米，荚粗0.65～0.70厘米，单荚重32克左右，豆荚整齐一致，商品性好。口感脆糯，风味好。种皮红褐色、肾形。春季栽培，平均亩产2 201.6千克；夏季栽培，平均亩产

2 193.0千克。

37. 赣蝶1号　由江西省赣新种子有限公司通过26A与39B杂交选育而成。早熟品种。植株蔓生，生长势强，分枝力中等。茎绿色，较粗壮。叶片中等，叶深绿色，叶长11.2厘米，宽8.7厘米；第1花序着生节位为第3～4节，花为水红色，每穗花序结荚2～4条，每株结荚13～16条。商品荚嫩绿色，荚长70厘米左右，荚粗0.8厘米左右，荚条顺直、无鼠尾，荚肉紧实、商品性好。种子肾形，红褐色，种皮光滑，有浅纵沟，千粒重130克左右。平均亩产2 800千克左右。

38. 赣蝶3号　由江西省赣新种子有限公司通过28-2G8与39B杂交选育而成。植株蔓生，生长势强，茎绿色，较粗壮。叶片中等，叶深绿色，叶长11.8厘米，宽9.1厘米。第1花序着生节位较低，一般为第4～6节，花为水红色。每个花序结荚2～4条，每株结荚12～16条。商品豆荚嫩绿色，荚长70厘米左右，荚粗0.8厘米左右，荚条顺直、无鼠尾，荚肉紧实、商品性好。种子肾形，棕褐色，种皮光滑，有浅纵沟，千粒重129克左右。早中熟、耐热、抗高温高湿，采收期长，持续翻花能力强，适应性广，不早衰，适宜露地立架栽培。平均亩产2 850千克。

39. 成豇7号　由成都市第一农业科学研究所以之豇特早30的优良株系31为母本，以成豇3号为父本，通过杂交后系统选育而成。该品种植株蔓生，蔓长3.5～4米，主蔓结荚为主；花浅紫色，第1花序着生于第2～3节，每花序成荚2～3对，花浅紫色，叶片中等大，商品荚浅绿色；荚长60～65厘米，单荚重25～30克，种皮为红色。豆荚肉厚，顺直不弯曲，商品性好。春季栽培从播种到始收45～55天，秋季栽培从播种到始收35～40天，适应性广，耐病力强，宜以早春栽培为主。春季栽培平均亩产1 920千克左右，秋季栽培平均亩产1 350千克左右。

40. 高产4号　由广东省汕头市种子公司育成。植株蔓生，生长势强，分枝2～3条。茎蔓粗壮，叶长12厘米，宽8厘米，绿色。第1花序着生于主蔓第5～7节，以主蔓结荚为主。花浅紫色，嫩荚淡绿色，嫩荚不易老化，嫩荚种子稍显露，种子肾形、红褐色，千粒重145克左右，品质优良，商品性好。早熟，生育期约90天，从播种至始收45～50天。荚长60～65厘米，横径0.8～1.0厘米，单荚重15～20克，结荚率高，平均亩产1 500～2 000千克。

41. **夏宝2号** 由广东省深圳农业科学研究中心育成。植株蔓生，生长势强，分枝2～3条。茎节间长15～16厘米，叶长11厘米左右，宽6～7厘米，深绿色。第1花序着生于主蔓第3～4节，主侧蔓均结荚。花紫白色，嫩荚淡绿色、皮薄，嫩荚不易老化，肉厚、纤维少、味甜爽脆，种子肾形，红褐间白色，千粒重145克，品质优良，商品性好。早熟，生育期约90天，从播种至始收50天左右。平均荚长56厘米，横径0.9厘米，单荚重22～27克，平均亩产2 000～2 500千克。

42. **郑研豇美人** 由河南省郑州市蔬菜研究所育成。植株蔓生，叶色深绿，生长势强，抗逆性强。第1花序平均着生于第4.9节，花紫色，种子红褐色。单株结荚14个，商品荚翠绿色，长61.1厘米，横径0.88厘米，单荚重23.3克，鼓籽不明显，果面光滑有光泽。生育期94天左右，出苗至始收55天左右，平均亩产1 800千克左右。早中熟，适于河南、山东、海南、湖北等地春季栽培。

43. **郑研荚多宝** 由河南省郑州市蔬菜研究所育成。植株蔓生，生长势中等。花紫色，种子红褐色。单株结荚13.1个，商品荚翠绿色，长63.4厘米，单荚重24.1克，荚条顺直，不鼓籽，果面光滑有光泽。生育期94天左右，平均亩产1 700千克左右。早中熟，适于河南、山东、湖北等地春季栽培。

44. **贺育特早熟** 由湖南省贺家山原种场育成。植株蔓生，叶深绿色，生长势中等。花淡紫色，种子黑色。第1花序着生于第3～5节，每一花序可结荚4～6根，商品荚淡绿色，长71厘米，单荚重25.8～27.4克，荚条顺直不鼓籽，果面光滑有光泽。生育期80～90天，播种至始花40～45天，平均亩产2 250千克左右。极早熟，适于湖南、江西等地春季栽培。

45. **贺育早丰**　由湖南省贺家山原种场育成。植株蔓生，叶深绿色，生长势中等。花淡紫色，种子红褐色。第 1 花序着生于第 5 节，每 1 花序可结荚 4 根，商品荚淡绿色，长 54～59 厘米，单荚重 24.5 克，荚条顺直不鼓籽，果面光滑有光泽。生育期 90～100 天，播种至始花 45～50 天，平均亩产 2 300 千克左右。早熟，适于湖南、江西等地春季栽培。

第三章 优质高效栽培技术

一、豇豆漂浮育苗技术

漂浮育苗是指在温室或塑料薄膜覆盖条件下，利用成型的膨化聚苯乙烯格盘为漂浮体，装填上人工配制的营养基质，将格盘漂浮于完全矿质营养的苗池中，完成种子的萌发、生长和成苗过程的育苗方式，是无土育苗的方式之一。该技术起源于美国，是当前国际上先进的育苗新技术，与传统育苗方式相比，具有4个方面优势：①幼苗根系发达，生长整齐，壮苗率高；②田间卫生条件好，可减少病虫草对幼苗的危害；③移栽后植株生长快，长势整齐，病害轻；④可节省劳动力，减少农药污染和肥料用量。

（一）场址选择

漂浮育苗应在塑料大棚中进行，建棚地点应选择背风向阳、地势高燥、无污染、水源充足、排水畅通、交通便利、容易平整的地块，也可以根据实际条件灵活处理，利用现有的宽度8～9米、长度50～80米的单体钢架大棚，或利用连栋大棚中的一块区域建立育苗池。

（二）漂浮池的建造

漂浮池可用空心砖或红砖砌成，规格一般根据大棚实际情况而定，例如9米宽的单体钢架大棚中，一般沿大棚伸长方向规划3个育苗池，池宽约 2.3 米，池长依棚体长度而定，池深 20 厘米，池埂用砖砌成，埂宽 40 厘米。也可以挖地下池，池底整平拍实，先铺一层彩条布，再铺厚度 0.08 毫米的塑料薄膜隔水。注意须用新薄膜，且不能穿孔。

漂浮池建好后，须用 200 倍漂白粉溶液、0.1%高锰酸钾溶液或生石灰水对育苗场地及周围环境进行消毒。消毒后，再在漂浮池中装盛 10 厘米左右深的干净清水，pH 为 6.0～7.5（禁用池塘水）。肥料一定要完全溶解于池水中，不能撒在漂浮盘上，且保持氮素浓度为 150～200 毫克/升。为了防止藻类滋生，可按每盘 1 克硫酸铜的用量标准，将硫酸铜用温水溶解后再倒入池中搅匀。

（三）育苗盘的预处理

漂浮盘采用 128 孔或 162 孔的聚苯乙烯塑料泡沫漂浮盘，外形尺寸为 66.5 厘米×34 厘米×5.5 厘米。对于使用过的旧漂浮盘，在使用前须用 0.1%高锰酸钾或 100 倍漂白粉溶液浸泡消毒。方法是将漂浮盘浸入上述消毒液中，保持 10 分钟以上，取出，薄膜密封熏蒸 1～2 天，再晾干即可。

（四）基质的配制

育苗基质可用锯末、秸秆、蛭石、泥炭土、珍珠岩等粉碎配制，再经杀虫灭菌处理后备用，也可从专业的生产厂家购买。对基质的要求是容量要小，吸水、保水能力强，呈颗粒状且粒径要小，不能含有毒有害物质和杂草种子，锯末、秸秆要进行发酵处理。其质量标准为：基质粒径 1～5 毫米，孔隙度 70%～95%，容重 0.15～0.35 克/厘米^3，pH 5.5～6.5，有机质含量≥20%，腐殖酸含量≥15%，水分含量 30%～50%，铁离子含量<1 000 毫克/升，锰离子含量<100 毫克/升。

（五）播种操作

1. 调整基质水分　装盘前基质水分含量应适宜，装盘时基质过干容易漏掉造成空穴或不能吸水形成干盘；装盘时基质过湿容易造成孔穴中空而不能吸水形成干穴，影响出苗和成苗率。所以装盘前必须调节基质水分含量达40%～50%，即基质水分含量达到手捏能成团、落地自然散开为宜。

2. **装盘** 装盘时基质用量应适中，不可太满。操作中，先将泡沫盘放平，再撒入基质填充孔穴，基质的用量大约为半穴，不能装得太多，也不能有空穴，以免影响播种。

3. **播种** 装好基质的漂浮盘应及时播种，每穴3粒。播种后，及时覆盖基质，将种子完全盖住，刮平，再轻轻放入漂浮池。

（六）播种后管理

1. **湿度管理** 育苗盘的基质含水量控制在70%～80%为宜。播种后，将育苗盘轻轻放入漂浮池中，吸水6～12小时后取出。以后每天上午浸盘0.5～1.0小时，齐苗后可每隔2天浸盘1次。

2. **温度管理** 春季播种后要覆盖大棚膜，加强保温，夏、秋季节育苗要盖遮阳网降温，一般2～3天开始出苗。春季出苗后，晴天早晚保温，如果棚内气温高于38℃，应及时通风降温。阴雨天需保温防寒，谨防冷风伤苗。

3. **养分管理** 漂浮池的水层深度应保持在10～15厘米。肥料浓度要适宜，营养液的电导率（EC）控制在1.5毫西/厘米左右，一般可按每吨水用肥1.5～2千克的标准加入含氮量为15%的复合肥或漂浮育苗专用肥料，肥料须溶解后均匀混入漂浮液。

4. **移栽前炼苗** 春季豇豆的苗龄一般为8～12天，当第1对初生真叶平展时即可移栽。移栽前2～3天开始炼苗，白天揭去所有覆盖物进行全天锻炼，晚上盖膜保温，严防冷害。如白天棚内温度低于18℃要闭棚保温，低于15℃再盖1层棚膜或盖草席、稻草。做好棚膜检查，发现破损应及时修补。

（七）病虫害防治

漂浮育苗的病虫害防治要坚持预防为主的原则，重点搞好苗床卫生。大棚尽量覆盖防虫网，齐苗后育苗大棚须用烟雾剂进行一次病虫害预防，主要药剂有哒螨·异丙威烟剂、百菌清·腐霉利烟剂等。如果发现传染病病株，要及时拔除；对发病严重的育苗盘，应整盘清除，并对相关器具进行严格消毒。

二、豇豆穴盘育苗技术

（一）穴盘

1. **穴盘选择**　豇豆宜选择50孔或72孔的塑料穴盘。

2. **穴盘消毒**　新穴盘不需要消毒。多次使用的穴盘需要进行清洗和消毒，因为在育苗过程中，秧苗有可能会感染一些病虫害，有的病原菌和虫卵会不可避免地残留在苗盘上。方法是先清除穴盘中的残留物，用清水冲洗干净，对于比较顽固的附着物，可用刷子刷净，对清洗完毕后的穴盘进行消毒。消毒时，用50%多菌灵可湿性粉剂500倍液浸泡12小时或用高锰酸钾1 000倍液浸泡0.5小时均可达到消毒目的。

（二）基质

1. **基质选择**　豇豆育苗基质主要配方如下。

配方一：用草炭和蛭石按（2～3）：1的体积比混合后作为基质，每立方米基质加入1.2千克尿素和1.2千克磷酸二氢钾，或加入氮磷钾（15：15：15）三元复合肥2.0～2.5千克。

配方二：用草炭、蛭石、珍珠岩按2：1：1的体积比混合作为基质，每立方米基质加入1千克尿素和1千克磷酸二氢钾，再加入15～20千克腐熟鸡粪或菜枯。该基质有机质含量高，而且一般不会造成烧苗。

配方三：从市场直接采购成品基质，可以是以草炭为主要原料，也可以是以芦苇渣为主要原料。

2. **基质消毒**　为防止营养土带菌，引发苗期病害，可采用药土消毒、甲醛熏蒸消毒、药液消毒的方法。

方法一：将药剂先与少量土壤充分混匀后再与所计划的土量进一步拌匀成药土。播种时，2/3 药土铺底，1/3 药土覆盖，使种子四周都有药土，可以有效地控制苗期病害。常用药剂有 50%多菌灵可湿性粉剂和 70%甲基硫菌灵可湿性粉剂，每平方米苗床用量8～10 克。

方法二：一般用 100 倍甲醛溶液喷洒床土，拌匀后堆置，用薄膜密封 5～7 天，然后揭开薄膜待药味挥发后再使用。

（三）种子播前处理

种子播前处理包括浸种、催芽、种子消毒、机械处理等。播前处理能促进种子迅速整齐地萌发、出苗，消灭种子内外附着的病原菌，增强幼胚和秧苗的抗性。

豇豆种子用 55℃ 0.1%高锰酸钾溶液浸种 15 分钟，洗净后清水浸泡 4～5 小时，然后晾干播种。

（四）基质装盘和压穴

将准备好的基质装在穴盘中，注意不要用力紧压，要尽量保持基质原有的物理性状，每一个穴中都要装满基质，装盘后的穴盘各格室应清晰可见。压穴深度为 0.5～1.0 厘米。

（五）播种和覆盖

播种宜选晴天上午进行。将处理好的种子点播在压好穴的穴盘中，每穴 3 粒，种子点放在孔穴的中心位置。

覆盖材料是蛭石或过筛基质。蛭石粒径要求在 2～3 毫米，覆盖前蛭石最好洒少量清水使之潮湿，或在蛭石中掺入少量珍珠岩，覆盖好后覆盖材料与盘面相平，各格室清晰可见。

（六）苗期管理

1. 温度管理　从播种至出土前日温保持在 30～32℃，夜温以 22～25℃为宜；齐苗后夜温可降至 18～20℃，白天维持在 25℃或稍高一些，形成一定的昼夜温差，防止小苗徒长，但夜温不可低于15℃。

2. 水肥管理 由于豇豆的苗龄很短，苗期不需追肥。但穴盘基质太干时可喷施清水。喷水喷肥时要注意：喷水最好选在晴天上午进行，喷水后若室内湿度过大，可酌情通风排湿，以减少病害发生，喷水喷肥一定要喷透，喷肥后最好再稍喷一遍水，以减小叶面肥的浓度，避免在叶片上形成肥害点。

3. 病虫害防治 豇豆的苗期病虫害应以预防为主。对于采用大棚育苗的基地，可采用烟雾剂防治，选用的药剂主要有：腐霉·百菌清烟剂、腐霉利烟剂、哒螨·异丙威烟剂等。使用方法是首先将棚室密闭严实，于傍晚之后，把烟雾剂在大棚中央点燃，人员离开现场后，密闭大棚过夜，次日早晨通风后，方可进入大棚内操作。

(1) 病害防治 苗期病害主要是猝倒病。幼苗出土后遭受病菌侵染，幼茎基部发生水渍状暗斑，继而绕茎扩展逐渐缢缩呈细线状，幼苗地上部倒伏地面，基质湿度大时，病苗上常生白色棉絮状菌丝。防治方法：①播前苗盘、基质消毒。②加强苗床温湿度管理，根据苗情适时适量放风，避免低温高湿条件出现，不要在阴雨天喷水、喷肥和喷药。③喷施0.2%磷酸二氢钾溶液，提高小苗的抗病力。④药剂防治。幼苗出土后用30%福美双可湿性粉剂800倍液，或50%多菌灵可湿性粉剂750倍液，或72.2%霜霉威可湿性粉剂800倍液喷施1次，移栽前再喷1次。

(2) 虫害防治 苗期害虫主要有黄曲条跳甲、蚜虫、蓟马等，其中黄曲条跳甲主要啃食叶片，造成孔洞，蚜虫和蓟马主要是吸食叶片汁液，造成畸形。防治方法：①大棚骨架上覆盖防虫网。②播种前加强棚室消毒。可用哒螨·异丙威烟剂熏蒸。③棚中悬挂黄色粘虫板。④化学防治。药剂主要有0.3%阿维菌素乳油2 000倍液，10%吡虫啉可湿性粉剂1 000倍液，2.5%高效氯氰菊酯乳油2 000倍液。

三、豇豆膜下滴灌技术

膜下滴灌即在滴灌带或滴灌毛管上覆盖一层地膜。这是一种结合了以色列滴灌技术和国内覆膜技术优点的新型节水技术，它通过可控管道系统供水，将加压的水经过过滤设施滤“清”后，和水溶性肥料充分融合，形成肥水溶液，进入输水干管—支管—毛管（铺设在地膜下方的灌溉带），再由毛管上的滴水器一滴一滴地均匀、定时、定量浸润作物根系，供根系吸收。

（一）滴灌设备

滴灌系统由水泵、连接头、过滤器、施肥器、输水管、滴灌带等组成。水泵采用潜水泵或离心泵，扬程以25～30米为宜，根据灌溉面积选择适宜的规格；过滤器一般采用叠片式过滤器或网式过滤器，大小应与输水管相配套，过滤后的水源中不能有直径大于0.8毫米的悬浮物；施肥器一般选用文丘里施肥器或压差式施肥器；输水主管为PE（聚乙烯）硬管或PVC（聚氯乙烯）硬管，输水支管为直径50～63毫米的PE软管；滴灌管或滴灌带的一般规格为直径16毫米的内镶贴片式软管，每隔25厘米有1个滴孔。

（二）操作要点

滴灌带铺设在两行豇豆之间。一根滴灌带同时向两行豇豆供水。一般畦长在40～60米，滴灌系统从畦头进入，采用三通接口，如果畦长超过60米，滴灌系统应从畦中央进入，采用四通接口。滴灌带平放，多次使用必须先清洗。

地膜宽度应以覆盖至沟中为宜，一般宽幅140～160厘米。栽培大田翻耕并施足基肥后，平整畦面，再铺滴灌带，覆盖地膜。覆盖地膜时，先将四周拉紧固定好，再用细土压严。

浇水或施肥都可以采用膜下滴灌方式进行，施肥时将肥料（水溶肥）配制成浓缩液，然后应用施肥器随水滴灌。

四、豇豆防虫网覆盖技术

防虫网覆盖栽培是将防虫网覆盖在棚架上构建人工隔离屏障，

将害虫拒之网外，可有效防病防虫，且具有透光、适度遮光、通风等作用，创造适宜作物生长的有利条件，大幅度减少菜田化学农药的施用，使产品优质、卫生。防虫网还具有抵御暴风、雨水冲刷和冰雹侵袭等自然灾害的功能。

防虫网覆盖形式主要有大棚全覆盖、大棚局部覆盖和立柱框架式覆盖等形式。

1. **大棚全覆盖**　春季育苗结束后，利用大棚拱架将薄膜换成防虫网，实行整体覆盖栽培，网片四周用土压实，生产期间实行全程封闭覆盖的一种覆盖形式。

2. **大棚局部覆盖**　将大棚两侧的裙部通风口增设防虫网覆盖，利用四周裙部的卡槽和卡簧将防虫网固定，而顶部仍使用塑料薄膜的一种覆盖形式。

3. **立柱框架式覆盖**　利用混凝土预制件、钢丝绳等材料搭成长方体的棚室骨架，其上覆盖防虫网的一种覆盖形式。其搭建方法如下。

(1) 制作立柱　一般用混凝土预制件，常用规格为12厘米×12厘米×320厘米，距顶端下方10厘米处留有“十”字形或“米”字形圆孔，以备钢丝绳穿拉。

(2) 埋柱　根据地块确定立柱排列，立柱间距为4～5米，然后挖坑下埋固定立柱。一般坑深60～70厘米，在坑底四周垫10厘米厚混凝土，随即埋实立柱。

(3) 搭架拉丝　用8号钢丝绳按“十”字形或“米”字形穿越立柱顶端圆孔，并固定在水泥柱顶部，支撑起防虫网。

(4) 固定　钢丝绳两端分别斜拉或垂直固定于四周的地桩上，四个角上的立柱则需用3根钢丝绳朝3个方向斜拉或垂直固定。

(5) 覆网　一般采用30目或40目的尼龙网，根据面积大小采用分体覆盖，即四周采用围网，单独覆盖固定，落地处用土压实；然后在顶部另扣网片，罩住四周的围网，在网棚两侧设置钢架门1～2扇。

防虫网主要用于春提早、秋延后等保护地栽培。

五、保护地栽培技术

豇豆保护地栽培技术是在不适宜豇豆生长的季节，利用塑料大棚、温室等设施，人为地创造适宜豇豆生长发育的环境条件，进行豇豆生产的技术。它可以减轻病虫、高低温、暴雨和环境污染等对豇豆的危害，起到提前或延后栽培，提早或延迟上市的作用。生产中常见的有大棚春提早栽培和大棚秋延后栽培。

（一）大棚春提早栽培

1. 品种选择 宜选择耐低温、抗病、优质、高产、商品性好的长豇豆品种。如：詹豇 215、天畅 5 号、之豆特早 30、扬豇 40、成豇 7 号等。

2. 播种育苗

（1）种子处理 将筛选好的种子晾晒 1～2 天，严禁暴晒。也可按种子重量 0.5%的比例拌入 50%多菌灵可湿性粉剂。

（2）育苗方式 选用温室、大棚、中棚等育苗设施，采用 50 孔或 72 孔穴盘育苗，结合选用富含有机质且透气性好的无病虫基质。

（3）播种方法 播种期一般为 3 月下旬至 4 月上旬，每亩用种量为 2.0～2.5 千克。采用点播，每钵播种 2～3 粒，覆土 1 厘米，并浇透水，覆盖薄膜保温。如果气温低，可在棚内临时搭小拱棚保温。

（4）苗期管理 播种后注意保温防寒，白天适宜温度 25～30℃，夜间适宜温度 16～18℃。床土应保持湿润状态，苗期一般不浇水，不追肥。

3. 定植

（1）整地施肥 定植选择两年内未种过豆类作物的大棚，采用大棚局部覆盖的方式盖好防虫网。每亩施用优质腐熟有机肥 1 000 千克和 45%三元复合肥 25 千克，其中 2/3 撒施翻耕，1/3 施于畦中央。翻耕深度25～30厘米，晒垡5～8天，畦宽（包沟）1.2～1.4米，沟深20～25厘米。结合土地翻耕，每亩可喷施氯氰菊酯防治地下害虫，对防虫网与地面接触的四周同样喷施氯氰菊酯进行处理。

（2）铺滴灌管及地膜　采用膜下滴灌，每畦铺设1～2条直径为12毫米或16毫米的滴灌软带或滴灌管，滴头间距30厘米，然后覆盖地膜。地膜可选用无色、黑色或银黑双面膜。

（3）移栽　播种后8～12天，第1对初生叶即将平展时应及时移栽。在地膜上按穴距30～35厘米，行距50～70厘米开穴，放苗、培土、浇水。双行栽植。

4. 田间管理

（1）温度管理　移栽后至5月中旬，晴天应及时揭开裙膜通风，夜间盖膜保温。5月中旬以后，向上卷好裙膜，保持通风状态。

（2）肥水管理　定植后根据土壤情况及时补水，缓苗到抽蔓期以蹲苗为主；第1花序开花坐荚后结合浇水开始追肥，每亩施尿素5千克随滴灌施入；全部开花结荚后，每亩施用速溶性冲施复合肥10～12千克，每隔5～7天施1次，连续追施3次。

（3）支架引蔓　当植株具5～6片真叶时，应及时搭X形架并引蔓上架，支架长度2.2～2.5米。

（4）打顶　主蔓满架后，及时打顶，控制生长，促进侧蔓花芽形成。

5. 采收　豆荚长至商品成熟度时，应及时采收。采收初期2～3天采收1次，盛期1～2天采收1次。

（二）大棚秋延后栽培

1. 品种选择　秋延后大棚栽培豇豆宜选用对日照要求不严格、耐热抗病、耐弱光的品种，根据洞庭湖区的地理气候特点及消费习惯，可选择詹豇215、高产4号等。

2. 播种育苗　秋延后大棚栽培在8月1日至10日播种最适。

由于秋季温度较高，采用直播较好。播种前，应精选种子，在太阳下晒1～2天，再用冷水浸泡1～2小时，吸足水分，可使种子出苗快、齐、壮。应尽量在雨后初晴时播种，有利于提高出苗率，最忌播种后遇上连续数日暴雨引起烂种。播种时以浅播为佳，每畦播种2行，穴距35厘米左右，每穴3～4粒，每亩播种2 700～3 100穴，亩用种量2～2.5千克。

3. **整地定植** 秋延后豇豆在大棚中栽培，结合使用遮阳网、防虫网。定植应在晴天下午进行，定植后随即浇定根水，以防萎蔫。

4. **田间管理**

(1) 温度管理 洞庭湖区在9月下旬之后，常有冷空气袭来，影响豇豆的正常生长，所以应及时扣棚，盖好塑料薄膜，以防冷害，一般在9月20日前盖好大棚膜。盖膜之后，如果是晴天，则白天敞开大棚两边，晚上全盖。如果是阴雨天，则昼夜不敞膜。以保证白天温度在30℃左右，晚上温度在20～25℃。

(2) 水分管理 土壤应保持在湿润状态，灌溉以穴灌为宜，有条件的应采用膜下滴灌。

(3) 植株调整 抽蔓后应及时搭支架。

(4) 病虫害防控 在秋延后栽培中，蚜虫和豆荚斑螟是生产上的主要害虫，实行防虫网隔离。豇豆播种后出土之前，应尽快盖好不低于30目的防虫网。盖网后，迅速喷施1次吡虫啉，以保证秧苗出土后免遭虫害。

5. **采收** 秋延后豇豆从播种至始收38～50天，从开花到嫩荚采收8～12天为宜。因夏秋季的温度较高，应每天采收，否则影响品质。采收时间以早上露水未干时为最佳。

六、露地栽培技术

豇豆露地栽培是利用大自然气候、土地、肥力等条件来进行豇豆生产的一种方式。它最符合经济原则，也是豇豆生产的主要方式，在长江流域有春露地栽培、夏露地栽培和秋露地栽培等，其中春露地栽培面积最大。

（一）春露地栽培

1. 品种选择 选用抗病、优质、丰产、耐贮运、适应市场需求的豇豆品种，蔓生品种主要有：早生王、宁豇 3 号、之豇特早 30、天畅 1 号、詹豇 215 等，矮生品种主要有美国无架豇豆、矮虎等。

2. 播种育苗 洞庭湖流域一般春露地栽培于 4 月中下旬播种。可育苗移栽，育苗时，苗床宽度 1.1～1.2 米，长度 10～15 米。播种后注意保温防寒，白天适宜温度 25～30℃，夜间适宜温度 16～18℃。床土应保持湿润状态，一般不浇水、不施肥。

3. 整地定植 播种后 8～10 天，第 1 对初生叶即将平展时应及时移栽。取适龄壮苗，择晴天定植。定植时，在栽培畦上以小铲打穴，将秧苗带土移入穴中，随即浇入少量清水，待水下渗后覆土。定植密度为行距70 厘米、穴距 30～40 厘米，每亩栽植 2 300～3 200 穴，每穴 2～3 株。

4. 田间管理

（1）水分管理 土壤应保持在湿润状态，灌溉以穴施为宜，有条件的应采用膜下滴灌。

（2）植株调整 蔓生豇豆抽蔓后应及时搭支架，矮生豇豆不需支架。

（3）病虫管理 物理防治方法有悬挂粘虫板、作物周边悬挂银灰膜条避蚜；有条件的可以采用防虫网隔离，利用频振式杀虫灯、黑光灯诱杀甜菜夜蛾等成虫。同时，经常清理田园，将病叶、残枝败叶和杂草清理干净，保持田间清洁，合理轮作换茬等，都能减少病虫害的发生。具体方式可参见第四章。

5. 采收 豆荚长至适宜长度应及时采收。采收后进行分级、包装销售。

（二）夏露地栽培

长江流域的豇豆夏露地栽培中，因温度高，降水量大，病虫害多，落花落荚严重，豆荚易鼓籽，栽培难度大。因此，应用面积相对较小。

1. 品种选择 应选择色泽适宜，高温不鼓籽，抗病性强的丰产品种，如海亚特、彩蝶2号等。

2. 整地施肥 每亩施三元复合肥30千克，腐熟的有机肥2 000～2 500千克。耕地时施入，与土壤翻匀。

3. 播种 长江流域一般于5月播种，每亩用种2～2.5千克，每亩栽2 800穴左右，每穴3～4粒，行距70～80厘米，株距30～35厘米左右。一般采用干籽直播。

4. 田间管理 夏豇豆的幼苗期很短，管理上重点是防病和控肥，开花前一般不需追肥。开始结荚后，应加大肥水供应，特别是氮肥要施足，一般每亩每次施尿素10～15千克，施在离植株40厘米以外，穴施后要及时浇水。每隔7～10天追肥一次。

及时进行病虫害防治。

（三）秋露地栽培

1. 品种选择 由于秋露地栽培豇豆的生育期短，一般应选择耐热性强，抗病性好、适于密植的丰产品种，如詹豇215、天畅1号、彩蝶2号、宁豇3号等。

2. 整地播种

（1）精细整地 选择有良好排灌条件、耕层深厚，土壤肥沃的地块，每亩施腐熟有机肥3 000～3 500千克、三元复合肥30千克、过磷酸钙50千克，耕翻耙平。为便于排水，避免水涝对苗的影响，需高畦栽培，畦高20～25厘米，畦面宽90～100厘米，畦间距50厘米，畦面平整。

（2）合理密植 秋豇豆因种植环境特殊，为提高产量，需合理密植，并在规定时期播种。在长江流域，秋露地豇豆的播种时间一般为7月25日至8月10日。若播种过早，前期气温过高，易引起落花落荚；播种过迟，生育期短，且后期温度过低，影响整体产量。秋豇豆一般采用直播。每畦播种两行，株距约30厘米，行距约70

厘米，直接播 3～4 粒精选后的饱满种子，覆盖 2～3 厘米厚细土。每亩播种 3 200 穴左右，每亩用种量 2～2.5 千克，每穴留苗 2～3 株。

3. 田间管理

（1）查苗补种　出苗后，应及时到田间检查缺苗情况，缺苗及时补种。

（2）水肥管理　水肥管理原则是“浇荚不浇花、前控后促”。出苗前不需浇水，出苗齐后可大水浇灌 1 次。直播豇豆主根较深，比较耐旱，在植株开花结荚前，适当控制水分，避免植株徒长，影响前期主蔓结荚，造成前期产量低。当第 1 花序开花结荚后，荚长达 5～10 厘米时，要开始增加水分供应，田间不可缺水，保持地面湿润。温度较高时，如遇暴雨，要及时排除田间积水。

豇豆前期需肥量小，不需要进行追肥。开花结荚后，当第 1 荚即将采收时，结合浇水追肥，每次每亩追施尿素 5 千克，三元复合肥（15∶15∶15）10 千克或复合肥（17∶17∶17）12 千克，每 10～15 天追肥 1 次，10 月初喷施 1 次 0.2%磷酸二氢钾，增强植株的抗寒能力，防止早衰。

（3）植株调整　秋露地豇豆有 3～4 片叶左右时，每穴插一根竹竿，畦面对应两穴按“人”字形进行绑缚，“人”字形架上绑拉（横）杆，搭架要插牢固，防暴风雨刮倒支架，影响豇豆生长。架搭好后，按逆时针方向将豇豆蔓缠绕到架上，或将豇豆植株引向架面。

将主蔓 30 厘米以下侧蔓全部去除，促进早开花，以增加主蔓前期产量。豇豆主蔓爬至架面顶部，并开始下垂时，用竹竿将其主蔓生长点敲打掉或用剪刀将其生长点剪去。这样有利于促进生殖生长，并可防止植株间相互缠绕，有利于通风透光，同时可以控制营养生长，提高结荚率。生长中后期摘除基部老叶、病叶，以减少病害发生。

（4）中耕除草　一般要求在苗期除草 2～3 次，搭架后拔草1～2 次。苗期中耕 2 次，松土除草，清洁田园，排湿保湿、促进根系生长。中耕要均匀，行间可深一点，苗周围可浅些，引蔓后只进行行间中耕或不再进行中耕。

4. **病虫管理及采收** 同春露地栽培。

七、加工豇豆栽培技术

（一）品种选择

应选择适宜当地气候特点与消费习惯的适应性强、优质、高产、抗病虫、适于加工的豇豆品种。长江流域可选择天畅 5 号、詹豇 215、成豇 7 号、高产 4 号等。

（二）大棚栽培

1. 育苗

（1）苗床整理 3 月下旬电热育苗，苗床宽度 1.2 米左右，长度 10～15 米，苗床的电热线铺成回针形，每平方米功率 80～100 瓦，用 72 孔的标准塑料穴盘，装入肥沃、无病虫的营养土或基质，浇足水分。

（2）种子处理 对未包衣种子，播前将种子晾晒 1～2 天，再用药剂拌种；对已包衣处理的种子只需晾晒 1～2 天即可播种。

（3）播种 每穴播 3 粒，盖土 1～2 厘米。

（4）苗期管理 播种后注意保温防寒，白天适宜温度 28～32℃，夜间适宜温度 18～20℃。床土应保持湿润状态，一般不浇水、不施肥。第 1 对初生叶平展时定植。

2. 施肥整地

（1）施肥 定植前 10 天左右翻耕田块，深度 25～30 厘米。结合翻耕，每亩施入腐熟有机肥 2 000～2 500 千克或饼肥 100～120 千克，充分耙匀。

（2）整地 沿大棚延长方向作畦，畦宽 1.1～1.2 米、沟宽 0.3 米、畦面长度 30～40 米，整平。

（3）铺滴灌带 沿栽培畦延长方向铺设滴灌管（带），并与供水管道相通。

（4）铺地膜 畦上覆盖宽幅1.4～1.5米的银黑双面地膜，四周压严。

3. 定植 择晴天定植，定植时，在栽培畦上以小铲打穴，将秧苗带土移入穴中，覆土，随即浇入少量清水。行距70～75厘米，穴距35～40厘米，每亩栽2 200～2 500穴。

4. 田间管理

（1）支架引蔓 当苗高达到30厘米左右时，应及时插架或吊绳引蔓。竹架引蔓的，竹竿长度2.2～2.5米，搭成“人”字形架，交叉处要扎牢。吊绳引蔓的，吊绳的上方用横杆固定，下方系在藤蔓基部。将藤蔓引向支架，使蔓顶紧靠支架。

（2）植株调整 结合引蔓，将基部侧蔓剪除。当主蔓达到支架顶部并回头时打顶。

（3）温光管理 通过揭盖棚膜，调节棚内温光。白天适宜温度28～30℃，夜间适宜温度18～20℃，5月中旬揭除棚膜。

（4）肥水管理 采用膜下滴灌，保持土壤湿润。当底荚长度达到10厘米左右时，开始追肥。晴天下午，每亩用专用冲施肥5～6千克兑水1 000千克通过滴灌带施入。进入采收期后，每隔7天左右施1次肥，连续2次。以后根据长势酌情再追肥。

（三）露地栽培

1. 播种 4月中下旬至8月上旬播种。选择雨后初晴趁湿直播，在膜上用小铲打穴，穴深2～3厘米，每穴播种3～4粒，覆细土1厘米。行距70～75厘米，穴距35～40厘米，每亩栽2 200～2 500穴。

2. 田间管理

（1）支架引蔓 当苗高达到30厘米左右时，应及时插竹架，竹竿长度2.2～2.5米，搭成“人”字形架，交叉处要扎牢。

（2）植株调整 结合引蔓，将基部侧蔓剪除。当主蔓达到支架顶部并回头时打顶。

（3）肥水管理 同大棚栽培。

（四）病虫害防治

主要病害有锈病、煤霉病、白粉病、病毒病等，主要害虫有白粉虱、蚜虫和豆荚斑螟等，要及时防治。

（五）采收与贮运

应在农药安全间隔期之后采收。当豆荚长至55～70厘米，达到加工要求时采收。采收初期2～3天采1次，盛期1～2天采1次。采收宜在晴天上午进行。豆荚采收后4小时之内，应及时运送到加工厂。

八、富硒豇豆栽培技术

富硒豇豆销售价格比普通菜豆高20%以上，而且医疗保健作用显著，深受消费者青睐，国内外市场需求量大。因此，发展富硒豇豆是农民增收、企业增效、居民受益的重要途径。

（一）品种选择

选择优质、高产、抗性强的豇豆品种。主要蔓生良种有天畅1号、天畅5号、天畅9号、詹豇215、之豇特早30、扬豇40、彩蝶2号、成豇7号、鄂豇1号、宁豇3号等；矮生良种有美国无架豇豆、矮虎、之豆矮蔓1号等。

（二）基地选择

豇豆不耐涝，忌连作，宜种植在排水、保水良好的沙壤土及黏质壤土，土壤pH以6.2～7.0为宜。

（三）整地施肥

豇豆主根入土深，侧根发达，播前需深耕土地20厘米以上，每亩施腐熟有机厩肥3～4吨、过磷酸钙30～50千克作基肥，耕后耙平，再作小畦开排水沟，以确保旱能灌、涝能排。我国北方雨水偏少，土层深厚、疏松地块可作平畦或低畦直播，而南方雨水偏多，土壤较板结，宜作高畦播种，一般垄面宽 1.2 米，沟宽 0.3 米、深 0.2 米。

（四）种子处理

精选饱满、粒大、无病虫害、色泽好、无损伤并具有该品种特征的种子。播前选择晴天晒种 2～3 天，摊晒均匀，然后播种。

（五）适时播种

1. **播种时期**　长江流域早春大棚豇豆于 3 月中旬至 3 月下旬播种，3 月下旬至 4 月上旬带土移栽；地膜豇豆于 4 月中上旬直播；秋豇豆于 7 月中下旬播种。

2. **合理密植**　其直播可采用点播法。按行距 60～80 厘米、穴距 30～35 厘米开穴，每穴播 3～5 粒，留苗 1～3 株；亩用种量 2～3 千克，播种深度 2～3 厘米。一般每亩留苗 5 000～8 000 株。采用塑料钵育苗，每钵播种 2～3 粒，待苗高 10～15 厘米时带土移栽。对于早熟品种、直立型品种，在瘠薄地种植密度应稍高；对于晚熟品种，在肥沃地种植应稍稀。此外，早播稍稀，迟播稍密。

（六）田间管理

1. **间苗、定苗**　播后 5～7 天具有 2～4 片真叶时进行间苗、定苗，以确保植株间通风透光，防止病虫害发生。去除杂苗、弱苗、病苗，以防止土壤养分消耗。

2. **中耕除草**　因行距较大，豇豆生长初期行间易生杂草，且雨后地表易板结，出苗至开花需中耕除草 2～4 次，中耕时把土培到豇豆基部。

3. **浇水排涝**　播种后至齐苗前不浇水，以防因湿度增大而造成烂种。进入开花和结荚期后期，土壤湿度、空气相对湿度需加大。若遇久旱不雨，加上冷风，应以沟灌的方式进行适时、适量浇水，以土壤湿润为准，忌大水漫灌。注意雨后及时排除田间积水。

4. 追肥 春播豇豆苗期不需施肥，夏播豇豆以沟施或穴施方式追肥，每亩施入尿素2.5～3.0千克、过磷酸钙7～15千克、氯化钾2～3千克。豇豆开花结荚后，应根据苗情、地情，追肥水2～3次。应多施磷、钾肥，以达到增产效果，而对于沙质土壤，其保肥水能力弱，应勤施少施。

5. 搭架 豇豆单作时，播后15～20天搭架。以立“人”字形架为宜，确保受光均匀。抽蔓后及时引蔓上架，按逆时针方向引蔓，以使茎蔓缠绕向上生长。

6. 植株修整 一是清除侧芽。即抹去主茎第1花序以下的全部侧芽。二是及时摘心。对于主茎第1花序以上各节位上的侧枝，早期留2～3叶摘心，以促进侧枝上第1花序的形成。盛荚期后，在距植株顶部60～100厘米处的原开花节位上，应摘心保留侧花序。主茎15～20节、长达2～3米时摘除顶尖，以促进下部枝侧花芽形成。

（七）科学施硒

1. 培育机理 富硒豇豆是运用生物工程技术原理培育的。在豇豆生长发育过程中，叶面和幼荚表面喷施亚硒酸钠，豇豆通过自身的生理生化反应，将无机硒吸入体内转化为有机硒富集在果实中。经检测，硒含量≥0.01毫克/千克时即为富硒豇豆。

2. 使用方法 用44%亚硒酸钠21克，加水15千克，充分搅拌均匀，然后均匀地喷洒到叶片正反面及幼荚表面。豇豆伸蔓期、开花期、结荚期分别施硒1次，每亩每次施硒溶液30千克。

3. 注意事项 宜选阴天和晴天下午4时后施硒。喷施均匀，雾点要细。施硒后4小时内遇雨，应补施1次。硒肥可与酸性、中性农药、肥料混用，但不能与碱性农药、肥料混用。采收前20天停止施硒。

（八）采收

豇豆自下而上开花，荚果自下而上成熟。为避免荚果爆裂影响产量，对于小面积地块，可随时采摘，大面积地块应适时收获。在豇豆荚果充分长大、肉质脆嫩时为适宜收获期。

九、长江流域豇豆轮作及间作套种技术

（一）豇豆套作生姜高效栽培技术

豇豆在长江流域一年可以栽培两季，但忌重茬，不能连作，土地利用率低；生姜不耐强光，前期生长正处于炎热的夏季，需要进行遮阳栽培。实践表明，豇豆一般亩产量 1 500～2 000 千克，亩产值 1 500～2 000元；生姜一般亩产量 1 000～1 500 千克，亩产值 1 000～1 500 元。

1. **品种选择** 豇豆选用早熟性好、耐高温、抗病、肉厚、荚长的品种，如之豇 28-2、天畅 5 号等。因生姜定植在豇豆畦中间，宜选用疏苗型品种，如广东疏轮大肉姜。

2. **播种育苗** 豇豆于 3 月中下旬采用营养钵育苗，每亩需 3 000～3 500 只营养钵，每钵播 2～3 粒种子。播后浇水保湿，搭小拱棚，幼苗出土前不揭膜，出土后小拱棚内温度保持在 20℃左右，最高不超过 25℃，最低不低于 15℃。

生姜播种前要进行催芽。3 月中下旬终霜后，地温稳定在 16℃以上即可播种催芽。温床铺电热线和湿河沙，河沙湿度以手握成团、手松即散为宜，播后覆膜保温，温度保持在 25℃左右，催芽 20 天，每块种姜保留 1～2 个壮芽，把多余芽抹去。

3. **整地施肥** 选择地势较高，排灌方便，土层深厚、疏松、肥沃的沙壤土种植。有条件的最好冬前深翻土壤，晒白风化。生姜定植前每亩施腐熟农家肥 4 000 千克、硫酸钾复合肥 50 千克、过磷酸钙 50 千克作基肥。

4. **定植** 生姜的定植要早于豇豆，定植前按豇豆栽培的要求作畦，畦宽 130 厘米，沟宽 30 厘米、深 15 厘米。4 月上旬定植，

将种姜平放在畦中间的定植沟内，每沟种 1 行，姜芽稍向下倾斜，每亩栽 2 500～3 000 株，栽后覆 10 厘米厚的土，并覆盖黑色地膜或透明地膜。

豇豆于 4 月下旬至 5 月初第 1 复叶展开前定植在生姜两侧畦上，距生姜 60 厘米，每畦双行，中间留 40 厘米，以便进行喷药、施肥、采收等田间操作。两者定植都最好在晴天进行。

5. 豇豆田间管理

(1) 引蔓摘心 在幼苗期结束后搭“人”字形架，高 2.2～2.3 米，应引蔓上架。主蔓第 1 花序以下的侧芽一律抹去，主蔓中上部的侧枝应及早摘心。主蔓长 2.3～2.5 米，有 20～25 片叶时摘心。

(2) 肥水管理 幼苗期每亩施尿素 2.5～5.0 千克；开花结荚期每 7～10 天追施 1 次硫酸钾复合肥，每次每亩追施 7～10 千克，共施 2～3 次。豇豆生长中后期可进行叶面追肥，氮肥以 0.5%尿素为主，磷钾肥可用 0.1%～0.2%磷酸二氢钾，每亩用水 50～60 千克。叶面追肥宜在傍晚或早晨露水干后，上午 9 时前进行，之后需 4 小时无雨，否则应补喷。

(3) 病虫害防治 豇豆主要病虫害有锈病、根腐病、煤霉病、美洲斑潜蝇、豆荚斑螟、叶螨等，应及时防治。可用 15%三唑酮可湿性粉剂 2 000 倍液，或 70%甲基硫菌灵可湿性粉剂 1 000～1 500倍液叶面喷雾防治锈病；用 70%敌磺钠可湿性粉剂 1 500 倍液喷雾防治根腐病；用 50%多菌灵可湿性粉剂 500 倍液，或 75%百菌清可湿性粉 600 倍液喷雾防治煤霉病；用 2.5%氯氟氰菊酯乳油 1 500～2 000 倍液喷雾防治美洲斑潜蝇；用 52.25%氯氰·毒死蜱乳油 1 200 倍液，或 32 000 国际单位/毫克苏云金杆菌可湿性粉剂 1 000 倍液喷雾防治豆荚斑螟；用 0.6%阿维菌素乳油 2 000～3 000 倍液喷雾防治叶螨。为了避免害虫产生抗药性，应交替用药或混合施药。

(4) 采收 从开花到嫩荚采收以 9～15 天为宜，6—7 月可持续采收。

6. 生姜田间管理

(1) 苗期管理 生姜苗期不需要特别管理，但要注意病虫害防治。病害主要是姜瘟病，可在病害发生前用1%代森铵可湿性粉剂800倍液喷雾；害虫主要是姜螟，可用97%敌百虫晶体800～1 000倍液，或80%敌敌畏乳油1 000～1 200倍液喷雾防治，连续防治2～3次。

(2) 遮阳管理　生姜不耐强光，而5—6月正是豇豆的生长旺季，能遮住大部分阳光，使生姜生长良好。豇豆采收完毕后，可任其植株生长，给生姜创造一个荫蔽的环境，但要及时清除杂草。9月初天气转凉，光照渐弱，生姜进入旺盛生长期，群体迅速扩大，此时应拆除豇豆架，并把地膜和豇豆残枝清除干净。

(3) 水肥管理　生姜旺盛生长期应重施肥，每亩施三元复合肥25～30千克。为保持土壤湿润，可适当浇水，但要防止土壤过分潮湿和积水。

(4) 培土管理　生姜旺盛生长期根茎迅速膨大，畦面出现裂缝，需结合浇水随时培土。培土厚度因栽培目的而异，收嫩姜应深培土，培土厚度20厘米；收老姜或种姜应浅培土，培土厚度10厘米。

(5) 采收　霜降前后、地上部开始枯黄、根茎充分膨大老熟时采收，也可以根据市场需要在7—8月采收嫩姜。

(二) 辣椒间作豇豆高效栽培技术

辣椒与豇豆间作，符合共生互利原则。辣椒的盛果期正值6—7月高温季节，常常发生日灼病，而间作中通过豇豆支架的适度遮阳，有利于减轻阳光直射，减少辣椒病害。豇豆常规栽培中，藤蔓上架后继续伸长，在上部往往横穿棚架，影响棚架下部的光照，引起落花和滋生病害，而且不利于田间操作，而间作中通过与辣椒隔垄栽培，避免了棚架之间藤蔓缠绕，有利于豇豆接受充足阳光，提高坐荚率，减轻豇豆病虫害，而且豆荚悬吊更顺直，减少田间操作时对底部荚条的踩踏，商品性也更优，经济效益更好。

1. 品种选择　辣椒宜选择抗病力强、稳产性好，符合当地消费习惯的品种，洞庭湖区可选用兴蔬201、兴蔬215、丰抗21、湘研青翠等。豇豆应选择早熟或早中熟、荚条呈淡绿色、抗病力强、丰产性好的长豇豆品种，主要有天畅 5 号、天畅 9 号、詹豇 215、宁豇 3 号、高产 4 号等。

2. 间作模式 按包沟 2 米作垄，其中沟宽 0.3 米，每垄的中间栽培 2 行辣椒，辣椒外侧栽培豇豆，地膜覆盖。辣椒的行距 0.8 米，株距 0.4 米，单株定植。豇豆栽培在辣椒行的外侧 20 厘米处，植于辣椒的间隙中部，穴距 0.4 米。豇豆抽蔓后，支架在沟的上方交叉，操作人员的行走通道位于垄中部的辣椒行之间（图 3-1）。

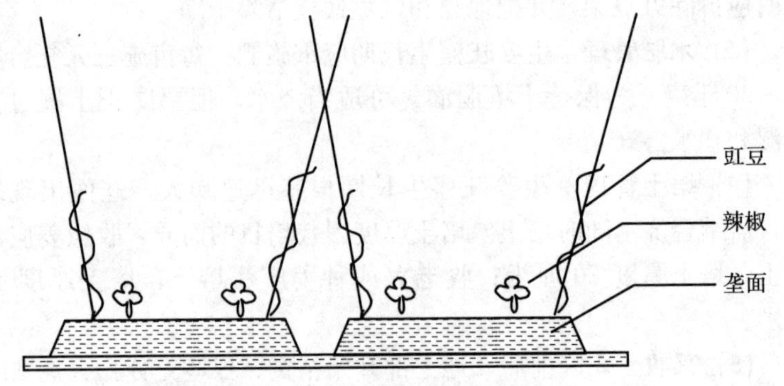

图 3-1 辣椒间作豇豆布局示意图

3. 整地作垄 前茬作物收获后，清理田间残株，深翻 30 厘米，晒 20 天左右。然后每亩施入腐熟农家肥 2.0～2.5 吨，45%三元复合肥 20～30 千克，浅翻 18 厘米，平整后作垄，垄宽 1.7 米，沟宽 0.3 米，沟深 15～20 厘米，覆盖宽幅为 1.6～2.0 米的银黑双面地膜或无色地膜，四周用土压紧。

4. 辣椒栽培管理

（1）播种育苗 在长江流域辣椒一般于 1 月下旬小拱棚育苗，也可以于上年 11 月大棚播种育苗。生产上最好采用穴盘育苗，以提高移栽成活率。选用规格为 50 孔或 72 孔的塑料穴盘，配制的营养土要消毒。装盘后，将已催芽的辣椒种子播入穴中，每穴 1 粒，盖籽后浇足水分。大约 15 天后，要进行查穴补苗，达到每穴一苗。

（2）苗床管理 一是合理控温，出苗阶段需要较高温度，白天

28～30℃，晚上20～23℃。二是保持适宜湿度，幼苗出土后至露出真叶前，床面要充分湿润，经常补水，以利齐苗，第1片真叶露出后，苗床应尽量保持干燥，坚持“不干不浇水，要浇就浇透”的补水原则。三是揭膜炼苗，当辣椒苗长出5～6片真叶后，适当揭膜。四是防雨，整个苗期要防止被雨水冲淋。

（3）定植　当苗龄达到6～8片真叶，苗高20厘米左右时即可定植于大田。定植应在晴天进行，定植前应先在垄上打穴，每垄2行，行距80厘米，穴距40厘米，直径5～6厘米，深度8～10厘米，再放入苗坨，覆土，浇定根水。

（4）田间管理　一是及时进行肥水管理，移栽后7～10天，就要开始追肥，此时只施尿素水即可，磷钾肥可以少施。5月上旬，辣椒开始现蕾开花后，要大肥大水，以氮磷钾复合肥为主，肥料可以采用沟施，也可兑水后穴施，如果采用穴施，则在辣椒植株的间隙处打穴施入，一般7天左右追1次。二是支撑稳固，辣椒分枝后，每株辣椒要插一根木桩，长度50厘米左右，用小绳绑稳，以防植株倒伏，引起病害或烂果。三是抹除侧芽，将主分枝下部的侧枝全部抹去，减少养分消耗，提高坐果率。

5. 豇豆栽培管理

（1）播种育苗　在洞庭湖区，豇豆以4月上中旬播种较为适宜，最好采用穴盘育苗后移栽至大田。播种前，种子可用55℃温水加0.1%高锰酸钾浸种消毒15分钟，然后晾干播种。育苗穴盘以72孔塑料穴盘较好，装入育苗专用基质，然后播种，每穴播3～4粒，播深2厘米左右，再盖薄膜保温保湿。

（2）定植　当苗龄达到10～12天即可定植，定植位置选择在辣椒行的外侧20厘米处，在辣椒间隙处打穴定植，随即浇入定根水。

（3）田间管理

①肥水管理。豇豆苗期的需肥量不大，移栽至开花前一般不需追肥；当嫩荚长到3～5厘米时，每隔7～10天浇1次水，保持土壤湿润；开花结荚盛期，清水肥水相间追施，一般追肥2次，每次

每亩施复合肥 20 千克。由于豇豆结荚期与辣椒结果期基本同步，所以豇豆追肥可与辣椒追肥一并进行，不需单独操作。

②引蔓上架。植株抽蔓后，应及时插入支架，促使蔓叶分布均匀，有利于通风透光，减少落花落荚。支架应在沟的上方交叉，用细绳绑牢，防止风吹倒塌。

③植株调整。有些豇豆品种的分枝力强，枝蔓生长快，要通过整枝打杈来调节生长与结荚的平衡，将主茎第 1 花序以下侧蔓摘除，促使主茎增粗和上部侧枝提早结荚，中部侧枝需要摘心；当主茎长到 18～20 节时打去顶心，促花结荚。

(4) 豇豆采收 豇豆采收标准较高，采收过早产量低，采收过晚品质下降。一般播后 55～65 天开始采收，结荚初期每 2～3 天采收 1 次，盛期每天采收 1 次，采收期 50 天左右。

6. 病虫害防治 辣椒的病虫害较多，最常见的病害有立枯病、疮痂病、疫病、病毒病，最常见的虫害有蚜虫、烟青虫等；豇豆的病害有煤霉病、锈病、白粉病，虫害主要有豆荚斑螟、蚜虫等。一般在实行轮作、种子消毒、培育壮苗、生物诱杀的基础上，结合采用药剂防治，常用的杀虫剂有甲氨基阿维菌素苯甲酸盐、苦参碱、吡虫啉等，常用的杀菌剂有多菌灵、甲基硫菌灵、代森锰锌等。

（三）矮生豇豆－水稻高效复种栽培技术

豇豆是豆科豇豆属的耐热性蔬菜，适应性强，栽培面积广，其营养丰富，蛋白质含量高，是我国夏秋季节主要蔬菜种类之一。矮生豇豆是长豇豆中的一种，因不需支架而深受农民欢迎。实行矮生豇豆－水稻复种栽培模式，不仅能够充分利用土地资源，扩大蔬菜供应量，还能稳定提高水稻产量，减少病虫害，提高农民收入，一般亩产值可达 5 000 元。其栽培技术如下。

1. 茬口安排 矮生豇豆于 4 月上旬播种，6 月上旬始收，7 月上旬拔园；水稻于 6 月下旬播种，7 月中旬移栽，10 月上旬收割。

2. 矮生豇豆栽培技术

(1) 品种选择 宜选择适于当地消费习惯的早熟、高产、优质的矮生豇豆品种，如美国无架豇豆、鄂豇豆7号等。

（2）种子处理　播种前将种子晾晒1～2天，再用种子重量0.5%的50%多菌灵可湿性粉剂拌种，晾干明水后播种。已包衣处理的种子只需晾晒1～2天即可播种。

（3）大田整理　结合耕地，可每亩施入腐熟有机肥2 000～2 500千克，或饼肥100～120千克，充分耙匀后，再将田块整成畦宽1.1～1.2米、沟宽0.3米、长度30～40米的畦面，畦面要平整，不得有大土坨，四周排水沟畅通。

（4）适时播种　在洞庭湖区一般于4月上旬选择雨后初晴的天气趁湿播种，用小铲打穴，穴深2～3厘米，每穴播种3～4粒，覆细土1厘米左右。播种密度为行距70～75厘米，穴距32～35厘米。

（5）田间管理　当大部分植株开始开花后，结合浇水开始追肥。选晴天下午，每亩用三元复合肥10～15千克兑水1 000千克，浇入栽培穴。从第1次采收豆荚开始，隔7天左右施1次肥，以后不再追肥。

（6）采收　当豆荚长至适宜长度，荚果饱满，种子未明显膨大时，应及时采收。采收初期2～3天采收1次，盛期1～2天采收1次。采收后应根据豆荚成熟度、色泽、品质进行分级，分别包装销售。

3. 水稻栽培技术

（1）品种选择　宜选择适应性强、生育期适当、产量高、品质优的水稻品种，如盛泰优018等。

（2）育苗　选择排水良好、土壤肥沃的田块作为育苗床。播种前2个月可每亩施用腐熟的农家肥2 000～2 200千克；播种后13～15天可施45%氮磷钾三元复合肥45千克。苗床与大田的面积比例依移栽方式而定，抛秧为1∶（20～22），机插秧为1∶（90～100）。播种前将种子晾晒1～2天，再按每10千克干种子用25%咪鲜胺乳油100毫升、20%吡虫啉可湿性粉剂50克兑清水15千克的比例配成溶液，浸泡45～55小时消毒，捞出洗净后再浸种催芽，日浸夜露，待露白后播种。

抛秧于6月23—25日播种，每亩大田用种1.5～2.0千克；机插秧于6月25—28日播种，大田用种2.5千克；直播可推迟到7月5日左右播种，播前施足基肥，整平泥土，再把芽谷均匀撒在床面上，每亩大田用种3千克。

播种后至出苗前，应加强保湿，1叶1心时可喷施多效唑，促进分蘖。3叶1心时，每亩追施稀粪水5 000千克，也可用1%～2%的尿素溶液进行叶面追肥1～2次。

(3) 整地施肥 整田前可每亩施腐熟有机肥2.0～2.5千克，尿素8～10千克，过磷酸钙30～35千克，氯化钾10～12千克，或45%三元复合肥45千克；也可以施入全营养缓释水稻专用肥。施基肥后，将田土深耕25～30厘米，使土肥充分混匀，土壤整细整平，高差控制在3厘米以下。

(4) 适时移栽 机插秧的秧龄18～20天、苗高8～10厘米，抛秧的秧龄22～25天、苗高10～15厘米时移栽。一般株行距20厘米×20厘米或17厘米×22厘米，移栽密度1.8万～2.0万穴/亩，基本苗8万株/亩以上。

(5) 肥水管理

①水分管理。移栽期保持水深1.5～2.0厘米，返青期保持水深5～6厘米，分蘖期保持水深1.5～1.8厘米。够苗晒田，晒田后复水，保持有水抽穗、干湿壮籽，成熟期间不宜断水过早，一般在收获前5～7天断水。

②肥分管理。移栽后5～7天应及时施入分蘖肥，可每亩施入尿素4.5～5.5千克、氯化钾5千克；晒田复水后可每亩施尿素6～10千克、氯化钾5～6千克，齐穗期每亩喷施“谷粒饱”（微量元素水溶肥料）45克。

(6) 病虫草害防治 实行以预防为主及以农业、物理、生物防治为重点的综合防治策略。选择高效、低毒、低残留农药，杜绝使用高毒、高残留等禁用农药，注意不同农药的交替使用和合理混合使用。主要病害为稻瘟病、纹枯病、稻曲病等，可采取壮秧培育、田间培管等措施，增强植株的抗病性，根据病害预报和田间实际发病情况及时防治，以减少病害损失。稻瘟病在苗期、孕穗期、破口期应以预防为主，大发生期及时用药防治，后期多雨天气应重点防治稻曲病。虫害主要有二化螟、稻纵卷叶螟、稻飞虱等，可每公顷安装1盏频振式杀虫灯，对二化螟、三化螟及稻纵卷叶螟等有良好的控制作用。稻田杂草可在1.5～2.5叶期进行清除，要求喷药均匀，每个地方都要喷到除草剂，不要留有空隙。

(7) 适时收割 在谷粒充分饱满、95%左右的谷粒变黄、枝梗80%～85%枯黄、稻谷水分含量20%左右时进行收割。收割后及时晒干，清除杂质，放入仓库中贮藏，保持阴凉通风。

(四) 春豇豆接茬秋黄瓜高效栽培技术

利用春豇豆接茬秋黄瓜栽培，可以大大提高菜农的经济效益。洞庭湖区春豇豆一般于4月上旬播种，4月下旬定植，6月上旬始收，7月上旬采收结束，每亩产量1 500千克。秋黄瓜于7月上旬播种，7月下旬定植，9月初始收，10月初采收结束，亩产量5 000～6 000千克。两茬相加经济效益较突出。

1. 春豇豆栽培技术要点

(1) 品种选择 选用早熟、丰产、抗逆性强、荚长肉厚的豇豆品种，如天畅5号、成豇7号、詹豇215等。

(2) 播种育苗 春豇豆于4月上旬采用营养块育苗。将优质菜园土用50%多菌灵可湿性粉剂500倍液消毒后制成营养土，也可用田园土翻耕整碎后加入三元复合肥每亩10千克，用机器压制成圆筒状营养块。每亩需营养块3 500～4 000个。播前晒种1～2天，用三氯异氰尿酸（种子专用消毒剂）浸种2小时，水洗净后播种，每个营养块播2～3粒种子，覆细土10厘米厚，浇水保湿，搭小拱棚。幼苗出土前不揭膜，出土后棚内温度保持在15～25℃，两片子叶完全展开时撤去棚膜。加强苗期病虫害防治，可用20%甲基立枯磷乳油1 500倍液防治苗期立枯病，用0.5%甲氨基阿维菌素苯甲酸盐2 000～3 000倍液，或4.5%高效氯氰菊酯乳油1 000倍液防治小菜蛾幼虫等食叶害虫。

(3) 整地施肥 选择地势较高，3 年内没有种过豆类作物，排灌方便，土层深厚、疏松、肥沃的地块，有条件的最好冬前深翻土壤，晒白风化。每亩施腐熟农家肥 3 000 千克、硫酸钾复合肥 50 千克、过磷酸钙 50 千克作基肥，翻耕入土。农家肥不足的地方也可用尿素（每亩 25 千克）代替，但易造成豇豆早衰。

(4) 定植 畦宽 130 厘米，沟宽 30 厘米、深 15 厘米，畦面整成龟背形。每畦种 2 行，株距 20～25 厘米，行距 80 厘米。定植前在畦上覆盖地膜，用土压实。选晴天用打孔器在地膜上打孔定植，把营养块放入孔中，覆土，营养块与畦面平齐，浇定根水，促进缓苗。

(5) 田间管理 幼苗期结束后搭好“人”字形架，架高 2.2～2.3 米。引蔓上架，主蔓第 1 花序以下的侧枝一律抹去。主蔓中上部的侧枝留 3 片叶后摘心。幼苗期每亩施尿素 2.5～5.0 千克。开花结荚期是豇豆需肥高峰期，每 3～4 天追施 1 次硫酸钾复合肥，每次每亩施 10～15 千克。生长中后期进行叶面追肥，每次每亩用富力钾有机钾肥 15 毫升、尿素 50 克兑水 15 千克进行叶面喷雾，每 7 天施 1 次，连施 3 次。叶面追肥最好在傍晚气温较低时进行，喷施后 3 小时不能淋雨，否则应补喷。

(6) 病虫害防治 豇豆的病害主要有锈病、疫病、煤霉病等。可用 15%三唑酮可湿性粉剂 2 000 倍液，或 70%甲基硫菌灵可湿性粉剂 1 000～1 500 倍液叶面喷雾防治锈病；用 70%甲基硫菌灵可湿性粉剂 800 倍液，或 77%氢氧化铜可湿性粉剂 1 000 倍液喷雾防治疫病，严重时进行灌根处理；用 50%多菌灵可湿性粉剂 500 倍液，或 75%百菌清可湿性粉剂 1 000 倍液喷雾防治煤霉病。

害虫主要有小菜蛾、甜菜夜蛾、美洲斑潜蝇、豆野螟、豆荚斑螟、叶螨、蚜虫等。可用 2.5%氯氟氰菊酯乳油 1 500～2 000 倍液，或 0.5%甲氨基阿维菌素苯甲酸盐乳油 2 000 倍液，或 4.5%高效氯氰菊酯乳油 2 000 倍液防治美洲斑潜蝇、甜菜夜蛾；用 16 000 单位苏云金杆菌可湿性粉剂 1 500 倍液防治豆野螟、豆荚斑螟、小菜蛾，防治豆野螟时坚持“治花不治荚”的原则；用 20%哒螨灵可湿性粉剂2 000倍液，或73%炔螨特乳油3 000倍液防治叶螨；用5%啶虫脒可湿性粉剂1 500倍液，或25%吡虫啉悬浮剂1 500倍液防治蚜虫。

2. 秋黄瓜栽培技术要点

（1）品种选择 选用瓜条直、无畸形、刺密、耐热、耐低温、抗病的品种，如津春4号、世纪春秀、双优王等。

（2）播种育苗 6月底制好营养块，每亩需3 000～3 500个。7月上旬播种，每个营养块播2粒种子。盖10厘米厚的细土后浇足水。搭小拱棚，棚上覆盖遮阳网，2天后即可出苗。在刚出真叶时用15%多效唑可湿性粉剂2 000倍液喷雾，防止幼苗徒长，使其叶片肥厚、茎蔓粗壮。

（3）定植 7月上旬豇豆采收结束后，用10%草甘膦乳油500毫升兑水15千克喷雾，杀灭田间杂草和豇豆。用55%敌磺钠可湿性粉剂500倍液对土壤和竹架进行消毒处理。定植前用打孔器打好定植孔，每孔施5～10克三元复合肥，再把营养块放入孔中，覆土，浇定根水，每亩定植3 000～3 500株。

（4）田间管理

①浇水施肥。秋黄瓜生长期正值高温伏旱，视瓜苗的缺水程度适当浇水。不能只浇清水，每亩随水冲施尿素5千克，浇水选择早晚进行，切忌中午浇水，也不可大水漫灌，只在根部追肥，以降低田间湿度，减少病害的发生。黄瓜蔓刚上架时追施1次促蔓肥，每亩施三元复合肥10千克、尿素5千克。采收1次瓜要追1次肥，每次每亩追施三元复合肥10～15千克。4～5片真叶后开始理蔓上架，保留1～2个子蔓，其余子蔓全部抹去。

②“加糖”处理。黄瓜在高温干旱的生长环境下，苦味较重，品质差，为了消除苦味，提高口感，可进行“加糖”处理。植株6～7片真叶时，用20毫升的注射器向瓜蔓基部注入6%～8%葡萄糖溶液，每次每根蔓注入1毫升。注入方向与根部生长方向一致，注入角度10°～15°，注入深度1毫米。第1雌花开放时，进行第2次注射，方法与第1次相同。在“加糖”过程中，必须保持注射器

和葡萄糖溶液的清洁。葡萄糖溶液和注射器都可以到医药店购买。不能用自来水加食用葡萄糖自制糖水。经过如此“加糖”处理后，生产的黄瓜味道清甜，口感好，很受市场欢迎。

③保花保果。黄瓜在生长过程中容易出现落花落果和瓜条弯曲的现象，为了提高坐果率，保证瓜条顺直，可在6—8时用细毛笔或棉签将4%赤霉素轻轻地涂抹在刚开放的雌花柱头上。

(5) 病虫害防治 秋黄瓜的主要病害有霜霉病和疫病。除应选用抗病品种外，还可用80%代森锌可湿性粉剂700倍液喷雾防治疫病；用50%福美双可湿性粉剂1 200～1 500倍液，或80%烯酰吗啉可湿性粉剂1 500～2 000倍液，或80%甲霜灵可湿性粉剂1 500～2 000倍液喷雾防治霜霉病。

因秋黄瓜前期生长在高温伏旱的环境中，虫害发生严重，主要有黄守瓜、瓜绢螟、小菜蛾、叶螨、斜纹夜蛾等。可用90%敌百虫晶体1 000倍液，或4.5%高效氯氰菊酯乳油1 000倍液喷雾防治黄守瓜、斜纹夜蛾；用1.8%阿维菌素乳油1 500倍液防治瓜绢螟；用20%哒螨灵可湿性粉剂2 000倍液防治叶螨；用0.5%甲氨基阿维菌素苯甲酸盐乳油1 500倍液，或4.5%高效氯氰菊酯水乳剂1 000～1 500倍液喷雾防治小菜蛾幼虫。

(6) 采收 9月初开始选晴天的早晚进行采收，每5～7天采收1次。

(五) 马铃薯－豇豆－莴笋－白菜薹套作栽培技术

该种植模式一般亩产量为马铃薯2 160千克、豇豆1 200千克、莴笋1 500千克、白菜薹1 500千克，总产值超过万元，是一项值得大力推广的高效蔬菜栽培模式。

1. 茬口安排 于1月上旬至2月上旬气温开始回升后，采用大棚地膜覆盖栽培马铃薯；3月下旬在马铃薯株距间播种早豇豆；6月上旬至7月下旬，采收豇豆；8月上旬用小拱棚加盖遮阳网育莴笋苗，当幼苗长到3～5片真叶时定植，10月上旬收获；10月中旬，莴笋收完后，栽培白菜薹，11月上旬至元旦前后收获白菜薹。

2. 品种选择 马铃薯选用中薯5号；豇豆选用早熟、抗病、耐高温的天畅5号、扬豇40、成豇7号；莴笋选用夏抗王1号、夏抗王3号；白菜薹选用早熟丰产的天成早薹1号、五彩黄薹1号。

3. 种植规格 大棚马铃薯栽培采用起高垄栽培法，垄高20厘米，垄宽80～100厘米，双行栽培，大行距70厘米，小行距30厘米，株距30厘米，每亩保苗4 500株左右。夏豇豆大行距60厘米，小行距30厘米，株距25～30厘米。莴笋采用移栽定植，株距35厘米，行距40厘米，每亩保苗5 000株左右。白菜薹采用育苗移栽，密度与莴笋一致。

4. 栽培技术

(1) 马铃薯 栽培马铃薯的田地，应结合冬前深耕，进行起垄开沟施肥，每亩施优质农家肥5 000千克、草木灰100千克、过磷酸钙40千克。播种前15天，将马铃薯切成40～50克的小块，每小块保留1～2个饱满健康的芽眼，在20℃的条件下催芽，当新芽长至0.5厘米左右时栽植，芽眼朝上，下种后立即覆土拍实，并覆盖地膜。注意地膜一定要拉展、拉平，播后30天左右，检查出苗情况，以保全苗。5月中下旬即可收获。

(2) 夏豇豆 于3月下旬，当马铃薯进入开花期后，在距马铃薯根茎部两侧30厘米处点种豇豆，每穴2～3粒，播种后用湿土覆盖好。抽蔓后插入竹架，每穴1根，上部绑扎，以防倒伏。豇豆与马铃薯共生期40～45天，5月中下旬挖出马铃薯，6月上旬开始采收豇豆。

(3) 莴笋 7月下旬豇豆收获结束后，清洁田园，整地施肥作垄。每亩施入腐熟人畜粪3 000千克、磷肥50千克、尿素20千克，整成深沟高垄，垄宽1.2米，高20厘米，沟宽0.3米。8月上旬播种莴笋，遮阳网育苗，每亩用种量30～50克，苗龄20～25天为宜，选择阴天或晴天下午带土移栽，栽后及时浇定根水，以后追肥2～3次。在肉质茎肥大后期临近采收时停止浇水。

(4) 白菜薹 9月中旬播种白菜薹，育苗，亩用种量20～30

克。10月中旬莴笋采收后移栽白菜薹，苗龄25天左右。定植时浇水，30～35天后采薹上市，一直可采收到元旦前后。

5. **田间管理** 马铃薯播后要经常查看出苗情况，出土后破膜，以保全苗；当豇豆苗龄达到5～6片真叶时应引蔓上架，并且在豇豆全生育期内需中耕除草5～6次；莴笋在定植后每隔3～5天结合浇水追施速效肥料，特别是要在团棵期和茎部肥大期追肥1次，后期临近采收要停止浇水；白菜薹在薹高25～30厘米左右时，即可采收上市。

6. **及时收获** 马铃薯要适当提早上市，开挖时尽量减少对豇豆植株的损伤；豇豆应随着豆荚的生长成熟及时采收，以清晨采收的品质最佳；莴笋主茎顶端与最高叶片的叶尖相平时，为收获适期；白菜薹采收主薹时，下部应留5～6片叶，采子薹时留2片叶，采孙薹时可不留叶。

第四章

病虫害防治技术

一、生理障碍

（一）僵苗

僵苗又称小老苗，是由于苗床土壤管理不善和苗床结构不合理造成的一种生理障碍。

1. **症状及原因** 僵苗的症状是幼苗生长发育迟缓，苗株瘦弱，茎秆硬，并显紫色，叶片黄而小，虽然苗龄不长，但如同老苗，故称“小老苗”。其发生原因有以下几点。

①苗床温度低，特别是土壤温度低，不能满足豇豆根系的基本温度要求。

②苗床或种植穴施用未腐熟或未充分拌匀化肥的有机肥而引起烧根，或者土壤有机肥施入量少，过量施用复合肥，土壤溶液浓度过高而伤根。

③苗床土质黏重，肥力不足，透气性差，从而造成根系的吸收能力下降。

④定植时苗龄过长，或定植过程中根系损伤严重，或整地、定植时操作粗放，根部架空，与土壤颗粒没有紧密接触，造成养分供应不足。

⑤地下害虫危害根部。

2. 预防措施

①选择疏松、通气性良好的田园土或水稻田土作营养土，增强土壤缓冲性和保水保肥性，更利于根系的生长。

②改善育苗环境，采用电热育苗或地膜覆盖育苗，提高地温，促进根系生长，培育壮苗。

③适时定植，定植时采用高畦深沟，移栽前注意炼苗，晴天栽苗，栽后适量浇水。

（二）徒长

徒长是苗期常见的生长发育失常现象。

1. 症状及原因 表现为幼苗茎秆细嫩、节间拉长、茎色黄绿，叶片质地松软、叶身变薄、色泽黄绿，根系细弱。其发生原因如下。

①氮肥施用过量，磷、钾肥和微肥不足。

②苗床通风不及时，湿度过大、温度偏高。

③播种密度或定苗密度过大。

④阴雨天过长或光照不足。

2. 预防措施

①依据幼苗各生育阶段特点及其适宜温度，及时做好通风工作，晴天中午更应注意。

②依苗龄变化，适时做好间苗定苗，以避免拥挤。

③苗床湿度过大时，除加强通风排湿外，可在育苗初期向床内撒细干土。

④阴雨天过多或光照不足时宜延长揭膜见光时间。如有徒长现象，可对叶面喷施矮壮素，苗期喷施 2 次，可控制徒长，增加茎粗，并促进根系发育。处理后可适当通风，禁止喷后 1～2 天内向苗床浇水。

（三）沤根

沤根是一种生理性灾害。沤根多发生在幼苗发育前期，早春苗床发生较重，在育苗技术粗放、条件不良的地方尤其容易发生。

1. 症状及原因　发生沤根的幼苗，长时间不发新根，不定根少或完全没有不定根，原有根皮发黄呈锈褐色，逐渐腐烂。沤根初期，幼苗叶片变薄，阳光照射后白天萎蔫，叶缘焦枯，逐渐整株枯死，病苗极易从土中拔起。其发生原因如下。

①苗床土壤有机质含量低，缓冲性差，土壤过湿缺氧。

②床温长时间低于12℃，甚至超越根系耐受限度，使根系逐渐变褐死亡。

③遇连阴雨雪天气，光照不足，妨碍根系正常发育。

④施入的肥料未充分腐熟，床土与肥料混合不均匀。

⑤有机肥施入量少，吸附性差，土壤盐量浓度过高造成干旱缺水。

2. 预防措施

①从育苗管理抓起，宜选地势高、背风向阳、排水良好的地段作苗床地，苗床土需增施有机肥。

②出苗后注意天气变化，做好通风换气工作，可撒干细土或草木灰降低床内湿度。

③认真做好保温工作，可用双层塑料薄膜覆盖苗床，夜间可加盖草帘。有条件的，可采用地热线、营养盘、营养钵等育苗。

（四）落花落荚

1. 症状与原因　豇豆花芽数量很多，但在高温、潮湿及其他不利条件下，常会出现落花、落荚现象，尤其在大棚栽培中，豇豆一般结荚数仅占花芽分化数的10%～60%，占开花数的20%～35%。主要原因如下。

①温度过低或过高。高温（35℃以上）或低温（15℃以下）影响花芽的正常分化，使花器发育不良而出现不孕花，引起落花落荚。

②营养不足，尤其是硼、锌、铜、钼元素不足。开花期的落花是由植物体营养生长和生殖生长营养供应发生矛盾所致；中期是由花与花、花与荚、荚与荚之间的养分激烈争夺所致，另外，同一花

序中营养物质的分配不均也可引起落花落荚。

③湿度太高或太低。湿度的高低影响花粉的发芽力，在低温低湿的条件下影响较小，在高温高湿或高温干旱时影响较大。若遇高温高湿，柱头表面的黏液失去对花粉的萌发诱导作用；高温干旱又会使花粉发育畸形，失去生活力。

④光照不足，通风不良。豇豆对光照很敏感，尤其在花芽分化后，当光照弱时，同化效率低，落花、落荚数增多。若栽培密度过大，或支架不当，植株下部郁闭，不仅光照不足，而且通风不良，则下部落花、落荚比上部更多。

2. 预防措施

①选用适应性广、抗逆性强、结荚率高的优良品种，适期播种，使盛花期能避开高温季节。

②栽培密度恰当，采用适当的搭架方式，或与小白菜等矮生作物间作，创造良好的通风透光环境，改善光照条件。

③加强肥水管理，合理配合施用氮、磷、钾、硼、锌、钼、铜等营养，掌握花前轻施、花后多施、结荚盛期重施的原则，开花后期、结荚期使用嘉美赢利来冲施肥，每次每亩10～12千克。

④开花坐果期出现大面积叶片老化现象，喷施含锌、镁、铁的微肥，加速赤霉素、叶绿素的合成，恢复植株叶片正常生长。

⑤及时采收嫩荚，减少养分消耗。

⑥及早防治病虫害，保持植株健壮。

⑦喷施微肥，可有效减少落花落荚，提高结荚率。

⑧温湿度管理。在花芽分化期和开花膨果期保护地白天温度严格控制在25～30℃，夜间为15～20℃，地温为18～26℃，土壤湿度控制在田间持水量的60%左右。

（五）弯曲畸形

1. 症状及原因

①营养不良尤其是缺乏钾、钙、硼等营养元素，长势弱，干物质产生少，豆荚间相互争夺养分，造成部分荚条营养不良，形成弯

曲豆荚。

②豇豆生长期间环境条件发生剧烈变化，如遇连续阴天后突然放晴，高温强光引起水分、养分供应不足，或者整枝、疏果不良，结荚过多，会形成曲形豆荚。

③昼夜温差过大，夜间结露多，使豆荚不同部位膨大速度差别较大，在不同的位置会变细打钩。

④栽培行距窄，茎叶过密，通风不良、光照不足易产生畸形豆荚。

⑤结荚前期水分正常，结荚后期水分供应不足，或后期病虫危害伤根，也易引起畸形豆荚。

⑥豇豆在生长过程中，幼果被架材及茎蔓遮阴，或者被茎蔓夹箍等，造成豆荚畸形。

2. 预防措施

①开花授粉时期，保证适宜环境条件可以大大减少豆荚畸形。控制好温度：棚内温度夜间要保持在13～15℃，白天25～30℃。土壤湿润，空气相对湿度在75%左右。

②合理施肥，施足基肥，增施有机肥和磷、钾、钙、硼等元素肥料。追肥采取少量多次的方法，严格控制氮肥施用量，可防止植株徒长，可大幅减少豆荚畸形。在豇豆生长中后期使用氨基酸水溶性冲施肥，每亩每次15～20千克。

③合理浇水。晴天要注意浇水，防止缺水。浇水要调控浇水量，特别是豆荚膨大期切忌缺水或水分过量，坚持少量多次、用水带肥的原则，建议在生长中后期肥料膜下施入，调理土壤，促进根系生长，降低棚内湿度。

（六）冷风害

1. 症状及原因　冷风害多发生在春季多风时期或温室及大棚的放风口，对产量有一定影响。冷风害发生后，叶片皱缩，边缘呈白色或暗绿色枯焦状，叶片边缘或中部破碎，有时叶片边缘反卷。发生原因主要是春夏之交的气候转暖时，放风粗放，操作过早、过急，使冷风大量而突然地进入棚里，导致靠近放风口处的植株受害。

2. **防止措施** 春季多风地区应在种植豇豆的地块设置风障，减少风害损失。温室或大棚栽培豇豆时，尤其是在苗期，气温虽然转暖，但管理不能放松，早晨的放风时间不能过早，放风时要先放顶风，后放侧风，放风口要逐渐加大。

（七）缺氮

1. **症状特点** 氮素在藤蔓体内可以移动，当植株缺氮时，下部老叶中的氮便向上部幼叶中转移，老叶便变成淡绿色至浅黄色，叶片的中部比边缘的颜色黄些。初期表现为基部全叶变黄，新叶窄小且薄，生长慢，颜色淡绿，植株矮小，茎秆细弱，侧芽易枯死。当严重缺氮时，全部叶子都变成黄色，落花落果较严重，豆荚发育不良、生长较慢、弯曲、不饱满，分枝少，出现早衰现象。

2. **防止措施** 为防止豇豆缺氮，要注意观察豇豆叶片的颜色，及早补充土壤中的氮素，出现缺氮症状时，及早施用氮肥，每亩可施尿素 15 千克或硫酸铵 30 千克，以穴施或撒施为主，并辅以 0.3%尿素水溶液叶面喷施。

（八）缺磷

1. **症状特点** 豇豆缺磷时，植株生长缓慢，矮小，症状从较老叶片开始向上扩展。缺磷植株所结豆荚种子少，成熟延迟，产量和品质下降。轻度缺磷时，植株外表形态不易表现异常，叶片仍为绿色。

2. **防止措施** 磷肥的施用应以基肥为主，前茬作物收获后，豇豆播种或定植前，每亩施用磷酸二氢钾 30 千克，以沟施或穴施为主，最好与有机肥同时施用。生长中出现缺磷症状时每亩追施磷酸二氢钾 10 千克，穴施，同时叶面喷施 0.3%磷酸二氢钾水溶液。

（九）缺钾

1. 症状特点 钾是豇豆生长必需的营养元素之一，它在豇豆体内主要是以可溶性无机盐的形式存在。钾在豇豆组织内部极易移动，在整个生长期间能重新分配。在分生组织和生理活动旺盛的部位，如芽、幼叶、根尖等含量特别高，这些部位可以利用老叶和成熟组织中的钾。钾能促进机械组织和输导组织正常发育，使茎秆坚韧，不易倒伏。缺钾时，下行运输受阻，根系营养不足，根系的生长受抑制，易于感病。豇豆缺钾时，下部叶片的脉间黄化，并出现向上翻卷现象。上部叶片表现为淡绿色。

2. 防止措施 钾肥可作基肥或追肥，施用时间宜早不宜迟。当发现豇豆出现缺钾症状时，每亩追施50%硫酸钾10千克，穴施或沟施，辅以浇水，同时叶面喷施0.3%磷酸二氢钾水溶液。

（十）缺钙

1. 症状特点 豇豆缺钙症状一般表现为叶缘黄化，严重时叶缘腐烂，顶端叶片表现为淡绿色或淡黄色，中下部叶片下垂，呈伞状，籽粒不能膨大。

2. 防止措施 豇豆缺钙容易发生在沙质土壤上，在施用基肥时，增加有机肥施用量，中性沙质土壤上，以过磷酸钙作为基肥施用，每亩用40～50千克。豇豆生长中，发现缺钙症状时，可喷施0.3%氯化钙水溶液进行防治。

（十一）缺镁

1. 症状特点 豇豆缺镁主要发生在中后期，表现为植株矮小，生长缓慢，下部叶片脉间首先黄化，并逐渐由淡绿色转变为黄色或白色，严重时叶片坏死、脱落。

2. 防止措施 豇豆出现缺镁症状时，可喷施0.3%硫酸镁水溶液进行防治。另外，应控制氮、钾肥的用量，尤其是施肥过多的大棚，氮、钾肥最好采用少量多次的施肥方式。

（十二）缺硫

1. **症状特点** 豇豆缺硫时，叶柄逐渐呈紫色，叶片呈黄色。叶片脉间黄化，叶柄和茎变红，节间缩短，叶片变小。后期幼叶僵硬并向后弯曲，严重时出现不规则的坏死斑。植株呈浅绿色或黄绿色。保护地长期使用无硫酸根的肥料，有缺硫的可能性。用草炭等材料育苗容易缺硫。

2. **防止措施** 主要是增施硫酸铵、过磷酸钙等含硫肥料；发现植株缺硫时，用硫酸钾溶液叶面喷施。

（十三）缺硼

1. **症状特点** 豇豆缺硼主要表现在生长点坏死，叶片硬，易折断，蔓顶干枯，茎开裂，花而不实，或豆荚中籽粒少，严重时无籽。

2. **防止措施** 在缺硼的土壤中施基肥时，每亩施用硼砂 1 千克，与农家肥配施，沟施或穴施。豇豆生长发育期出现缺硼症状时，用 0.5%的硼砂水溶液进行叶面喷施。

（十四）缺铁

1. **症状特点** 铁不仅参与植物叶绿素的合成、呼吸作用和氧化还原反应等生理过程，同时也是许多功能蛋白的重要辅助因子。虽然铁在土壤中的丰度很高，但植物可以吸收利用的有效铁很少，导致植物极易缺铁，尤其是在干旱、半干旱的石灰性土壤上，缺铁现象较为严重。豇豆缺铁首先在植株幼叶上表现出来。幼叶叶脉间出现失绿，呈网纹状。缺铁严重时幼叶全部变为黄白色，而老叶仍然为绿色。

2. **防止措施** 一般采用叶面施肥的方式。缺铁严重的地区，必须结合土壤施用铁肥。常用的铁肥有硫酸亚铁、磷酸亚铁铵、硫酸亚铁铵以及人工合成络合铁如柠檬酸铁、乙二胺四乙酸铁钠

（EDTA-Fe）和乙二胺二邻羟苯基大乙酸铁钠（EDDHA-Fe）等。可将铁肥与有机肥混合，采用条施或穴施。EDDHA-Fe稳定性非常强，对土壤尤其是碱性土壤补铁效果显著。叶面喷施铁肥最好应用螯合态的铁肥如EDTA-Fe并多次喷施方能有效防治缺铁。

（十五）缺锌

1. 症状特点 锌是作物生长发育必需的微量营养元素之一，豇豆缺锌对豇豆生长影响十分明显，豇豆缺锌往往不能正常授粉。豇豆缺锌时，生理代谢缓慢，光合作用减弱，叶片失绿，节间短，植株矮小，生长受抑制，产量降低。

2. 防止措施 旱地和地面灌溉的地块，锌肥宜作为基肥施入，或进行浸种（蘸根）和拌种。采用滴灌、喷灌的地块，锌肥宜采用水肥一体化技术随水施用。若作物生长过程中出现缺锌症状，可通过叶面喷施作为补救措施。土施时每亩用一水硫酸锌2千克拌细土10～15千克进行条施或穴施，也可与其他复合肥料混匀一起条施或穴施；叶面喷施时，硫酸锌和尿素的混合溶液在苗期至拔节期连续叶面喷施两次，每次间隔7天；拌种时每千克种子用硫酸锌4～6克，先在喷雾器或喷壶内溶解，再加适量的水，边喷边搅拌种子，晾干后即可播种。

二、主要病害

（一）豇豆病毒病

豇豆病毒病是发生较普遍且严重的病害，病因病原不同，有多种表现型，遇持续高温干旱天气或蚜虫严重危害，易使病害发生与流行。

1. 发病症状

①明脉。叶脉变黄色近透明。

②绿脉。沿叶脉一带叶色深绿。

③花叶。叶色浓淡不均，失绿，或显黄斑、黄绿相间与深绿相间的花斑。

④叶面不平整，突起疱斑，或卷曲、畸形、皱缩。

⑤病株矮缩，生长停滞，花序畸形，开花迟缓，或不能开花以至死亡。结荚少，荚条小，质量差。

2. 病原 病原为病毒。毒源种类多达10余种，但主要为以下5种。

①豇豆蚜传花叶病毒（CAMV）。种子带毒传播［平均带毒率达5%～10%，病毒潜藏在子叶和胚芽内（含胚轴、胚根）］和蚜虫传毒。

②豇豆蚜传碎裂病毒（CpABBV）。可通过汁液和蚜虫传毒，病株叶片表现花叶、卷叶及叶片革质化。

③豆科黄化型病毒（LYV）。可借助汁液、蚜虫持久性传毒，导致豇豆株矮、叶色深绿、叶质僵硬、扭曲等。

④黄瓜花叶病毒（CMV）。可借助汁液和蚜虫非持久性传毒，引致系统花叶症状。

⑤蚕豆萎蔫病毒（BBMV）。汁液传毒，可引致系统花叶、褐色坏死斑、叶畸形等症状。

3. 发病规律 豇豆病毒病初侵染源主要是田间寄主植物和带毒种子。播种带毒种子后，产生病苗，形成中心病株，在田间主要是借助蚜虫传播蔓延。蚜虫在病株上取食1～5分钟后就能带毒，转移到健株上吸食1～5分钟就可以传毒。一切有利于蚜虫发生和迁飞的环境条件，均易于该病发生和流行。高温干旱天气，有利于蚜虫迁飞、繁殖，发病重；植株缺水少肥，生长不良或治蚜不及时，发病亦重。病毒存活的温度范围是7～35℃，最适温度为30℃。田间高湿或高温多雨是发病的重要条件，连作地或播种过晚的菜田发病重。春播豇豆比夏播豇豆发病重，其中尤以春播较晚的豇豆发病重。豇豆地与染病的寄主植株相邻，发病较多。田间肥水条件差，管理粗放，植株生长不良，发病严重。品种间抗病性有差异，一般蔓生品种较矮生品种发病重。

4. 防治方法

①建立无病留种田，选用抗病品种，精选种子，培育壮苗。

②采用干热或热药处理种子以钝化毒源、减少苗期发病。

③实行轮作，避免重茬种植，加强肥水管理，增施磷钾肥。及时清除病株、病叶，减少病源。

④抓好早治蚜，连续治蚜，减少虫媒传毒。发现蚜虫后及时喷施吡虫啉等药剂，重点喷施叶片背面。

⑤结合喷施叶面营养剂加入抑制和钝化毒源的药物，比单独喷药防治效果更好。发病初期连续喷施0.1%～0.2%磷酸二氢钾＋尿素＋普通洗衣肥皂（或黑皂）等量混合液3～5次，隔7～15天1次，前密后疏，有助于促进植株生长，控制病害扩展。

⑥发病初期喷洒1.5%烷醇·硫酸铜乳剂1 000倍液，或10%混合脂肪酸水剂100倍液，或60%吗胍·乙酸铜片剂（15千克水中加2片），或20%吗胍·乙酸铜可湿性粉剂500～700倍液，每7～8天喷1次，连喷3～4次。

（二）豇豆锈病

豇豆锈病在夏、秋多雨季节易发生，病害流行时可使全田植株枯黄，中下部叶片大量脱落，对产量和品质都可造成很大损失。流行季节病田中病株率可超过90%。病情轻对产量影响不大，严重时可使豇豆减产50%左右。

1. 发病症状　此病主要危害叶片，发病初期叶片的病斑为黄绿色、圆形、微凹，后渐变为褐色的圆形病斑，直径1.3～4.0毫米，有黄绿色晕环，病斑有褐色至黑褐色的小粒点，最后褐色部分脱落，形成穿孔。随着病情的发展，叶片背面锈孢子密集成堆，形成黄白至淡黄褐色的粗绒状霉。当春播植株现蕾或初花时，近地面的成熟叶先发病，逐步向上蔓延。夏孢子堆近圆形，初为白色小疱斑，渐为灰褐色，成熟后多从顶部破裂，散出红褐色粉状的夏孢子。在变淡及发黄的叶上，夏孢子堆周围绿色，形成绿岛。其中以具黄晕的症状最为普遍。叶脉、叶柄及茎蔓发病后，病斑初期为梭形或近梭形条状，稍隆起，褪绿，有水渍感，在茎蔓上有时出现纵裂，中央持有褐色至黑褐色小粒点。茎蔓、叶柄及花梗上的夏孢子堆多为近圆形或短条状，也可围生一圈长圆形的次生夏孢子堆。随着植株衰老或天气转凉，夏孢子堆转变为黑色的冬孢子堆，散出栗褐色粉状的冬孢子。豆荚染病后，病荚所结籽粒干瘪。

2. **病原** 引起豆类锈病的病原菌有几种，其中，豇豆单胞锈菌（*Uromyces vignae*）引起豇豆的锈病，属于担子菌。其生活史中可产生5种类型的孢子，但最常见的是夏孢子和冬孢子阶段。豇豆单胞锈菌的夏孢子单细胞，短椭圆形或卵形，淡黄色，表面有细刺，大小为（20～32）微米×（18～25）微米，有芽孔2个；冬孢子单细胞，圆形或短椭圆形，黄褐色，顶部有一半透明的乳头状突起，大小为（27～36）微米×（20～28）微米。

3. **发病规律** 在北方寒冷地区，病菌以冬孢子随病残体在土壤中越冬。翌年春季在具有水滴和散射光的条件下，冬孢子萌发产生菌丝体，借气流传播产生芽管侵入豇豆叶片，成为初侵染源。然后在受害部位产生性孢子和锈孢子。锈孢子成熟后，借气流传播到豇豆健叶等部位，萌发后，产生芽管侵入危害，产生夏孢子堆。在南方温暖地区，夏孢子也能越冬。在主要生长期间，病菌主要以夏孢子重复侵染危害，从气孔侵入，形成夏孢子堆后，又散出夏孢子，通过气流传播进行再侵染。豇豆锈病的发生与环境条件密切相关。寄主表皮上的水滴，是锈病菌萌发和侵入的必要条件。病菌喜温暖高湿环境，发病最适气候条件为温度23～27℃，相对湿度95%以上。豇豆感病生育期在开花结荚到采收中后期。高温、多雨、潮湿的天气，尤其是早晚露重雾大的条件有利于锈病的流行。土质黏重、低洼、排水不良或种植过密、通风不良，以及过多施用氮肥，都利于诱发锈病。长江中下游地区豇豆锈病的主要发病盛期在5—10月。夏秋高温多雨的年份发病重。

4. **防治方法** 防治豇豆锈病可采取下列综合措施。

①实行轮作，春、秋茬豆地要隔离，采收后立即清洁田园，清除病残体并进行无害化处理，促使夏孢子死亡，减少菌源。

②因地制宜种植早中熟抗病品种，适当早播，使收获盛期避开雨季，可减轻发病。

③采取一切可行措施降低田间湿度，适当增施磷钾肥，提高植株抗性。

④药剂防治。在发病初期可选喷下列药剂：20%三唑酮乳油2 000倍液，或40%硫黄·多菌灵悬浮剂400倍液，或50%萎锈灵乳油800倍液，或12%松脂酸铜乳油800倍液，或50%克菌丹可湿性粉剂450倍液等，每隔7～10天喷药1次，防治2～3次。

（三）豇豆煤霉病

豇豆煤霉病又称叶霉病，分布广泛，在夏秋季节普遍发生，危害严重。

1. **发病症状**　主要危害叶片，病害严重时藤蔓、叶柄及豆荚也能被害。嫩叶不易发病，成熟叶易被感染，田间病害自下向上扩展蔓延。病斑初为不明显的近圆形黄绿色斑，由少到多，在叶的两面产生赤色或紫褐色斑点，以后扩大为直径1～2厘米的近圆形至多边形淡褐色或深褐色斑，边缘不明显。湿度大时，病斑表面密生暗灰色或灰黑色煤烟状霉，即分生孢子和分生孢子梗，尤以叶背密集。病势严重时病斑相连成片，叶片枯死脱落，仅残留顶端嫩叶。

2. **病原**　病原为豆类煤污尾孢菌（*Cercospora vignae*）。分生孢子梗从气孔伸出，丛生，丝状，有隔膜1～4个，大小（15～52）微米×（2.5～6.2）微米，分生孢子淡褐色，上端细，下端大，有隔膜3～17个，大小（27～127）微米×（2.5～6.2）微米。

3. **发病规律**　病菌主要以菌丝块随病残组织遗落在土中越冬；分生孢子通过气流传播，从气孔侵入，被侵染的部位发病后又产生大量分生孢子，不断进行再侵染，从而导致病害的流行。病菌生长温度范围为7～35℃，最适温度为30℃，田间高湿或高温多雨有利于发病。病情程度随播期不同而有差异，春播豇豆比夏播的发病重，尤以晚春播豇豆受害最重。套作、连作，发病早而重。地势低洼、排水不良、长势弱的地块发病也较重。在植株个体生长过程中，幼嫩叶片较成熟叶片的抗病性强，田间一般表现为苗期较少感病，多在现蕾开花后开始发病；成株期的上部叶片及顶端嫩叶危害轻或不发病。

4. 防治方法

①选用抗病品种。

②与非豆科作物进行 2 年以上轮作。注意清洁田园，收获后及时清除病残体，进行无害化处理，发病初期及时摘除病叶。

③实行深沟窄畦栽培，以便雨后及时排水，降低田间湿度。施用有机肥及磷钾肥，促使生长健壮，提高植株的抗病性。合理密植，以利通风透光。

④药剂防治。在发病初期喷洒 70%甲基硫菌灵可湿性粉剂 1 000倍液，或 50%多菌灵可湿性粉剂 600～800 倍液，或 75%百菌清可湿性粉剂 600 倍液，或 50%腐霉利可湿性粉剂 1 000 倍液，或 70%代森锰锌可湿性粉剂 700 倍液，或 50%琥铜·甲霜灵可湿性粉剂 600 倍液，或 90%三乙膦酸铝可湿性粉剂 500 倍液，或 72%霜脲·锰锌可湿性粉剂 600～800 倍液，每 7 天左右 1 次，连续防治 2～3 次。

（四）豇豆白粉病

豇豆白粉病是豆类蔬菜较常见且危害较重的一种病害。我国南北菜区都有发生，病害流行季节，可造成植株中下部叶片大量发病而枯死，引起减产，降低产品质量。

1. 发病症状 豇豆白粉病主要危害叶片。初发病时先在叶片上产生近圆形粉状白霉，或在叶背产生紫褐色斑，并覆有一层稀薄白粉，后融合成粉状斑，病菌生殖菌丝产生大量分生孢子，严重时粉斑相互连合成片，布满全叶，致叶片枯死或脱落。菌丝体生于叶片两面、叶柄和茎上，一般子囊果成熟时，菌丝体才逐渐消失。严重发病田块因早衰而减产。

2. 病原　豇豆白粉病的病原很多。一种是蓼白粉菌（*Erysiphe polygoni*），是子囊菌亚门的真菌。它的有性世代产生扁球形、黑褐色的闭囊壳，表面有菌丝状的附属丝，与营养菌丝相交。子囊长卵形，无色，大小（49～82）微米×（29～53）微米，内含2～8个子囊孢子；子囊孢子椭圆形，单胞，无色，大小（17～30）微米×（10～19）微米。

3. 发病规律　白粉菌是一类活物营养的寄生菌，它不能在病残体上腐生。在我国北方主要靠闭囊壳越冬，初侵染来源主要是田间其他寄主作物或杂草染病后长出的分生孢子。分生孢子容易从孢子梗上脱落，通过气流传播，条件适宜时萌发，从寄主表皮细胞侵入后，菌丝在表皮营外寄生并不断蔓延，再长出新的分生孢子，传播后可多次进行再侵染。白粉菌耐干旱，多雨会抑制病害的发展，但潮湿的天气和郁闭的生态条件，仍然有利于白粉病的发生。干旱条件会降低植株对白粉病的抗性。种植密度过大、田间通风透光状况不良，施氮肥过多，管理粗放等都会加重病害发生。

4. 防治方法

①因地制宜选择抗病品种。

②加强栽培防病措施。主要是搞好田间通风降湿和增加透光；干旱时要及时浇水防止植株因缺水降低抗性；开花结荚后及时追肥，但勿过量施氮肥，可适当增施磷钾肥，防止植株早衰。收获后及时清除病残株，进行无害化处理。

③药剂防治。发病初期喷洒70%甲基硫菌灵可湿性粉剂500倍液，或40%琥铜·甲霜灵可湿性粉剂600倍液，或40%硫黄·多菌灵悬浮剂500倍液或50%硫黄悬浮剂300倍液，每隔7～10天1次，轮换用药防治3～4次。也可在抽蔓或开花结荚初期发病前喷药预防，可选喷70%硫菌灵可湿性粉剂1 000～1 500倍液，75%百菌清可湿性粉剂1 000～1 500倍液，喷施2～3次或更多，每隔7～15天1次。采收前7天停止用药。

④生物防治。可选用2%抗霉菌素120或2%武夷菌素水剂200倍液喷雾。每5~7天1次，连续防治2~3次。

(五) 豇豆炭疽病

豇豆炭疽病是豇豆的重要病害之一，在我国豇豆产区均有发生，染病后轻者生长停滞，重者植株死亡，对豇豆的品质和产量影响很大。

1. **发病症状** 幼苗期、成株期均可发病。幼苗期染病后，幼茎上出现短条状或梭形斑，褐色至红褐色，稍凹陷或龟裂，终致幼苗枯死，患部出现小黑点。成株期叶片染病后，出现圆形至不定形病斑，边缘褐色，中部淡褐色，湿度大时呈现朱红色小点。

2. **病原** 病原为豆刺盘孢（*Colletotrichum lindemuthianum*），分生孢子盘呈圆形或椭圆形，大小（75~236）微米×（43~160）微米，子座由厚壁细胞组成，褐色，近圆形或不定形，直径2.6~11微米。刚毛黑褐色，刺状，微弯，表面光滑，顶部渐尖，具隔2~3个，大小（85~256）微米×（4.3~8.6）微米。分生孢子生于孢子梗顶，大量堆集在一起，单胞，无色，内含颗粒状物，新月形，微弯，两端渐细，上端较尖，大小（20~30）微米×（2.3~3.1）微米。

3. **发病规律** 病菌以菌丝体随病残体或在种子内越冬。播种带病种子后，幼苗即染病，分生孢子借雨水、气流、接触传播。20℃及相对湿度95%以上时，最易发病。当温度高于27℃，相对湿度低于90%时，很少发病。在地势低洼、土质黏重、重茬、种植过密的地块及多雨、多露、多雾、低温环境均易发病。

4. **防治方法**

①选用无病种子和进行种子消毒，播种时用种子重量0.4%的50%多菌灵可湿性粉剂拌种。

②合理轮作，有条件的水旱轮作或与葱蒜轮作1~2年。

③药剂防治。发病初期即开始喷药预防，苗期喷药2次，结荚

期1～2次，每次间隔5～7天。药剂可选用80%代森锰锌可湿性粉剂500倍液，或70%丙森锌可湿性粉剂600～800倍液，或70%代森锰锌可湿性粉剂600倍液，或70%甲基硫菌灵可湿性粉剂600倍液，或40%百菌清悬浮剂600倍液，或75%百菌清可湿性粉剂600倍液等。

（六）豇豆基腐病

豇豆基腐病别名豇豆立枯病。

1. **发病症状**　主要危害豇豆种子、种芽和子叶。苗期危害，引起苗前烂种和刚出土幼苗染病。未出土前危害种子、种芽和子叶，致病部变褐腐烂；子叶染病在子叶上产生近椭圆形红褐色病斑，后病斑逐渐凹陷；茎基部和根部染病产生椭圆形至长条状红褐色凹陷斑，逐渐扩展到绕茎1周，病部干缩或龟裂，致使病苗生长缓慢或干枯而死。

2. **病原**　病原为立枯丝核菌（*Rhizoctonia solani*）AG-4菌丝融合群。该菌不产生孢子，主要以菌丝体传播和繁殖。初生菌丝无色，后为黄褐色，具隔膜，粗8～12微米，分枝基部缢缩，老菌丝常呈一连串桶形细胞。菌核近球形或无定形，0.1～0.5微米，无色或浅褐至黑褐色。菜豆壳球孢菌（*Macrophomina phaseolina*）也可引起该病，分生孢子单胞无色，圆柱形至纺锤形，两端钝圆，大小（14～30）微米×（5～10）微米。

3. **发病规律**　立枯丝核菌以菌丝或菌核在土壤中越冬，棚室或露地可在土壤中长期存活，寄主长势衰弱或有伤口时，病菌容易侵入，通过水流、农具等传播蔓延。病菌在6～36℃条件下均可生长，适温18～30℃，27～30℃最适。在田间遇4～7℃低温条件，豇豆种子易被此菌侵染，生产上在10℃条件下，种子虽可萌发，但土温低、在土中持续时间长易发病。育苗或播种前遇寒潮、阴雨，或覆土过厚，均不利于出苗，浇水过多、苗床湿度大、通风透光不良、幼苗瘦弱或徒长时发病重。种植密度大，氮肥施用太多，土壤黏重、偏酸、重茬，发病重。种子、有机肥带菌或肥料中混有病残体的易发病。在低洼地潮湿积水，或高温高湿、多雨、雾大、露重及日照不足条件下易发病。

4. **防治方法**

①选用抗病品种及种子消毒。消毒时，用种子重量0.2%的40%福美·拌种灵拌种，或用浸种剂灭菌，或用种衣剂包衣。

②选择排水良好、高燥向阳地块育苗和种植。床土选用无病菌新土，育苗前充分晾晒。床底撒施药土（福美·拌种灵或甲基立枯磷药土），或播种后用药土覆盖，移栽前喷施1次除虫灭菌剂。苗期做好保温，防止低温和冷风侵袭，浇水要根据土壤湿度和气温进行，严防湿度过高。

③与非豆科作物轮作，水旱轮作最好。深翻地灭茬，促使病残体分解，减少病源。

④施用石灰调节土壤酸碱度，使育苗畦和种植豇豆田块土壤呈微碱性，每亩施生石灰5～10千克。有机肥要充分腐熟，或施用生物活性复合肥，适当增施磷钾肥。

⑤地膜覆盖栽培，可防治土中病菌危害地上部植株。及时清除病叶、病株，带出田外进行无害化处理，病穴施药或施生石灰消毒。

⑥药剂防治。发病初期喷淋20%甲基立枯磷乳油1 200倍液，或10%噁霉灵水悬剂300倍液，或15%噁霉灵水剂450倍液，或80%代森锰锌可湿性粉剂600倍液，或50%福美双可湿性粉剂800倍液，隔7～10天喷淋1次，连续防治2～3次。

（七）豇豆枯萎病

豇豆枯萎病是豇豆的一种重要病害，各地均有发生，南方地区发生普遍，病株率可达30%以上，产量损失10%～20%，严重时可超过50%。

1. **发病症状**　春豇豆苗期可以感染，由于此时温度低，一般不表现症状。开花结荚时温度高、雨水多，发病率上升，秋豇豆多在苗期发病。植株发病时，先从下部叶片开始，先在叶片边缘、叶尖部出现不规则水渍状病斑，继而叶片变黄枯死，并逐渐向上部叶片发展，最后整株萎蔫死亡。病株根颈处皮层常开裂，其维管束组织变褐。剖视病株茎基和根部，维管束组织变褐，严重的外部变黑褐色，根部腐烂。湿度大时病部表面现粉红色霉层。

2. 病原　病原为尖孢镰刀菌（*Fusarium oxysporum*）。分生孢子分大小两型：大型分生孢子镰刀形或略弯曲，顶端细胞稍尖，具3～6个隔膜，多为3～4个，孢子大小为（24～29）微米×（3.8～4.8）微米。小型分生孢子无色，椭圆形，单胞或具1分隔，大小（5～12.5）微米×（1.5～3.5）微米。厚垣孢子单生或串生，圆形或椭圆形，直径8～10微米。病菌生长发育适温27～30℃，最高40℃，最低5℃，适应pH 4～13，最适pH为5.5～7.7。

3. 发病规律　病原以菌丝体、厚垣孢子随病残体遗落土表越冬，属土传性病害。病原可在土壤中存活多年，多年种植豇豆不仅增加接种体数量，同时也提高了病原的致病力。病原经根部伤口侵入，危害维管束组织，阻塞导管，影响水分运输，同时还分泌毒素，引起植株萎蔫死亡。春、秋两季均可发病。连作地此病发生早、病情重，严重地块发病率高达97.5%。轮作地发病迟，病情轻。土壤黏重、偏酸性、地势低洼积水的田块发病重。

4. 防治方法

①与非豆科作物实行3年以上的轮作，最好增施不带菌并经过充分腐熟的有机肥。

②种子消毒。用占种子重量0.5%的50%多菌灵可湿性粉剂拌种，或用40%甲醛300倍液浸种4小时，浸后用清水冲净再播种。

③加强肥水管理。豇豆生长期间，根据长势追施氮磷钾复合肥，避免氮肥过多；叶面喷施尿素、磷酸二氢钾、腐殖酸等叶面肥以促进植株茁壮生长，提高植株的抗病能力；浇水应避开高温时段，小水勤浇，忌大水漫灌。

④清理病株。发现病叶等要及时摘除，病株严重时可拔出。

⑤药剂防治。发病初期，采用灌根的办法最直接有效，可用70%甲基硫菌灵可湿性粉剂800倍液，或50%多菌灵可湿性粉剂500倍液，或70%敌磺钠可湿性粉剂600～800倍液，每隔7～10天灌1次，每株灌250毫升药液，灌2次。

（八）豇豆疫病

豇豆疫病是一种土传性病害，是豇豆的重要病害，发病轻时造成减产10%左右，发病重时减产达20%以上。豇豆植株苗期和成株期均可发病，主要危害茎蔓、叶片和豆荚。

1. **发病症状** 豇豆根颈受害时，植株根颈水渍状缢缩变细，倒伏，呈猝倒状死亡；茎蔓受害时，植株第1复叶展开后爬架前的茎蔓多在节或近节处发病，初暗绿色水渍状，缢缩变细，后为灰褐色、褐色或红褐色，从病处倒折，造成病部以上死亡，爬架后病部亦可出现在节间，缢缩明显与否因茎蔓木质化程度而异，有时受腐生菌二次侵染出现白霉或黑霉，病部以上死亡。叶片受害时，叶上产生不规则灰绿色坏死斑，病斑中间灰褐色，皱缩不平整，叶脉变细、色深，雨水多时常腐烂，晴天干燥后病处青白色，易破碎。叶柄、花梗受害时，症状与茎蔓相同。叶柄受害后，其着生的叶片转为黄绿色，萎垂而死亡，拖在地面的茎蔓和豆荚在落雨时易受侵染；豆荚受害时，先出现暗绿色水渍状斑，雨天或湿度大时可见稀疏白霉，很快致全荚软腐，天气干燥时病处失水变细，且不规则屈曲。发病部位边缘均不明显，病部在潮湿情况下可生稀疏白霉。

2. **病原** 病原为豇豆疫霉（*Phytophthora vignae*），属卵菌。菌丝无色透明，无隔膜，直径4～7微米。孢子囊椭圆形至卵圆形或倒梨形，单胞，多无乳状突起，大小53微米×33.8微米，萌发时产生游动孢子。卵孢子淡黄色，近球形，表面较光滑，大小（13.9～24.3）微米×（18.3～25.3）微米。病菌生长适温25～28℃，最高35℃，最低13℃，只危害豇豆。

3. **发病规律**　病菌以卵孢子、厚垣孢子随病残体在土中或种子上越冬，借风雨、流水等传播。温度在25～28℃，天气多雨或田间湿度大时，以游动孢子借风雨传播，进行初侵染和再侵染，导致病害的严重发生。此外，施用氮肥过多、地势低洼、土壤潮湿、种植过密、植株间通风透光不良等也会导致病害严重发生。

4. **防治方法**

①与非豆科作物实行3年以上轮作。采用垄作或高畦深沟种植，合理密植，防止地表湿度过大，雨后及时排水。

②豇豆收获后将病株残体集中深埋或烧毁。

③豇豆种子播种前可用25%甲霜灵可湿性粉剂800倍液浸种30分钟后催芽。

④药剂防治。发病初期，可用58%甲霜·锰锌可湿性粉剂500倍液，或50%琥铜·甲霜灵可湿性粉剂600倍液，或78%波尔·锰锌可湿性粉剂500倍液，或75%百菌清可湿性粉剂600倍液，或70%乙铝·锰锌可湿性粉剂500倍液，或18.7%烯酰·吡唑酯800倍液，或60%唑醚·代森联1 200倍液，或40%三乙膦酸铝可湿性粉剂250倍液等进行喷雾，施药间隔7～10天。

（九）豇豆细菌性疫病

豇豆细菌性疫病又称豇豆叶烧病，主要危害叶片，也危害茎和荚。

1. **发病症状**　叶片感病时，从叶尖或边缘开始发病，病斑暗绿色，水渍状，后扩大呈不规则形，坏死，褐色，边缘有黄晕，病部变硬，薄而透明，易脆裂，后叶片干枯如火烧状，新叶发病皱缩，变形，易脱落；茎蔓感病时，病斑呈水渍状，后发展成条形病斑，褐色，凹陷，环绕茎1周后，引起病部以上枯死；豆荚感病时，病斑近圆形，褐红色，稍凹陷；种子上病斑黄褐色，凹陷。潮湿时有黄色菌脓溢出。

2. **病原**　病原为野油菜黄单胞菌豇豆致病变种（*Xanthomonas campestris* pv. *vignicola*），又称豇豆细菌疫病黄单胞菌，属细菌。

菌体杆状，大小（0.4～0.7）微米×（0.7～1.8）微米，单生为主，革兰氏染色阴性，具单极生鞭毛，该致病变种能水解明胶和淀粉。除侵染豇豆外，还可侵染菜豆和一种苏丹草。

3. **发病规律** 病菌主要在种子内或黏附在种子外越冬，播种带菌种子，幼苗长出后即发病。病部渗出的菌脓借风雨或昆虫传播，从气孔、水孔或伤口侵入，经 2～5 天潜育，即引致茎叶发病。病菌在种子内能存活 2～3 年，在土壤中病残体腐烂后即死亡。气温 24～32℃，叶上有水滴是本病发生的重要温湿条件，一般高温多湿、雾大露重或暴风雨后转晴的天气，最易诱发本病。此外，大水漫灌、肥力不足或偏施氮肥、长势差易加重发病。

4. **防治方法**

①选择排灌条件较好的地块，与非豆科作物实行 3 年以上轮作，最好与白菜、菠菜、葱蒜类作物轮作。

②选用抗病品种，进行种子处理。播前用甲醛 200 倍液浸泡 30 分钟，再用清水洗净，或用 55℃温水浸种 10 分钟，捞出后移入冷水中冷却。

③适时播种，合理密植。

④科学肥水管理，及时防治病虫草害，提高植株抗性。

⑤药剂防治。在发病初期喷施 14％络氨铜水剂 300 倍液，或 77％氢氧化铜可湿性粉剂 500 倍液，或 53.8％氢氧化铜可湿性粉剂 500 倍液，或 47％春雷·王铜可湿性粉剂 800 倍液，或 50％琥胶肥酸铜可湿性粉剂 500 倍液，或 65％代森锌可湿性粉剂 500 倍液，隔 7～10 天喷 1 次，连续 2～3 次。

（十）豇豆轮纹病（灰斑病）

豇豆轮纹病（灰斑病）是豇豆的一种常见病害。分布广泛，以鲜荚采收期发生较多，对生产造成的损失较小，主要危害叶片、茎蔓及豆荚。

1. **发病症状** 叶片发病时，病斑深紫色，较小，后发展成近圆形褐色斑，直径4～8毫米，有同心轮纹，湿度大时生暗色霉状物；茎蔓发病时，病斑呈条状，浓褐色，绕茎一圈后病部以上的茎叶枯死；豆荚感病时，病斑紫褐色，有轮纹，病斑数量多时荚呈赤褐色。

2. **病原**　病原为豇豆尾孢菌（*Cercospora cassiicola*）。分生孢子梗丛生，线状，不分枝，暗褐色，具1～7个隔膜，大小多为（80～228）微米×（6～9）微米，少数长达700微米。分生孢子倒棍棒状，具2～12个隔膜，大小（39～222.3）微米×（12～19.5）微米。

3. **发病规律**　以菌丝体和分生孢子梗在病部或随病残体在土中越冬或越夏，也可以菌丝体在种子内或以分生孢子黏附在种子表面越冬或越夏。分生孢子由风雨传播，进行初侵染和再侵染，病害不断蔓延扩展。南方周年都有豇豆种植区，病菌的分生孢子辗转传播危害，无明显越冬或越夏期。天气高温多湿，栽植过密，通风差及连作低洼地发病重。

4. **防治方法**

①与非豆类作物实行2～3年轮作。

②采收后彻底清除病残体，减少初侵染源。

③播种前可用55～60℃温水浸种15～20分钟灭菌，随即用新高脂膜浸种24小时，并在地表喷施消毒药剂加新高脂膜800倍液对土壤进行消毒处理，消灭播种前土壤、种子中的病菌。

④合理控制田间湿度，提高植株抗病能力，科学增施有机肥，适当多施磷钾肥。

⑤药剂防治。发病前或发病初期喷洒80％代森锰锌可湿性粉剂600倍液，或75％百菌清可湿性粉剂600倍液，或53.8％氢氧化铜干悬浮剂900～1 000倍液，或50％琥铜·甲霜灵可湿性粉剂600倍液，或72％霜脲·锰锌可湿性粉剂600～800倍液，或60％琥铜·乙膦铝可湿性粉剂500倍液等药剂防治，每隔7～10天防治1次，连续防治2～3次。

（十一）豇豆斑枯病

豇豆斑枯病又称褐纹病，主要危害叶片。

1. **发病症状** 叶斑多角形至不规则形，直径2～5毫米不等，初呈暗绿色，后转紫红色，中部褪为灰白色至白色，数个病斑融合为斑块，致叶片早枯。后期病斑正背面可见针尖状小黑点，即分生孢子器。

2. **病原** 病原为菜豆壳针孢菌（*Septoria phaseoli*）和扁豆壳针孢菌（*S. dolichi*）。前者的分生孢子器呈球形或近球形，黑褐色，直径48～128微米，分生孢子线状，无色，两端钝圆，直或稍弯，具1～6个隔膜，大小（15～50）微米×（1.0～2.0）微米。后者的分生孢子器也为球形或近球形，分生孢子线状，无色，直，两端尖，长约40微米，具隔膜3个。

3. **发病规律** 两菌均以菌丝体和分生孢子器随病残体遗落在土中越冬或越夏，并以分生孢子进行初侵染和再侵染，借雨水溅射传播蔓延。通常在温暖高湿的天气条件下易发病。

4. **防治方法**

①摘除发病叶片，带出田外并进行无害化处理。

②药剂防治。在发病初期喷施75%百菌清可湿性粉剂1 000倍液加70%甲基硫菌灵可湿性粉剂1 000倍液，或75%百菌清可湿性粉剂1 000倍液，或40%硫黄·多菌灵悬浮剂500倍液，每隔10天喷1次，连续2～3次。

（十二）豇豆褐斑病

豇豆褐斑病又叫豇豆褐缘白斑病，主要危害叶片。

1. **发病症状** 叶片正、背面产生近圆形或不规则形褐色斑，边缘赤褐色，直径1～10毫米不等，后期病斑中部变为灰白色至灰褐色，叶背病斑颜色稍深，边缘仍为赤褐色，高湿时叶背面病斑产生灰黑色霉状物。

2. **病原** 病原为豆煤污球腔菌（*Mycosphaerella cruenta*），

属子囊菌亚门真菌。子囊座生在叶片两面，球形，黑色，大小（52～70）微米×（63～87）微米；子囊束生，圆形或棍棒形，大小（35～52）微米×（7～11）微米；子囊孢子无色，双细胞，上方的略大，大小（11.0～19.2）微米×3.5微米。无性态为菜豆假尾孢（*Pseudocercospora cruenta*）。分生孢子梗丛生，直立，具隔膜，褐色，大小（10～75）微米×（3～6）微米，分生孢子鞭状，浅褐色，具3～15个隔膜，大小（25～118）微米×（2～6）微米。

3. 发病规律　北方菜区病菌以子囊座随病残组织在地表越冬，翌年产生子囊孢子进行传播；在南方病菌以分生孢子借气流和雨水溅射传播进行初侵染和再侵染，在田间由于寄主终年存在，病害周而复始不断发生，无明显越冬或越夏期。该菌喜温暖潮湿条件，在气温20～25℃、相对湿度高于85%、土壤湿度大的条件下易发病，在高温多雨、栽植过密、通风不良、偏施氮肥条件下发病重。

4. 防治方法

①施用堆肥要充分腐熟，最好采取配方施肥。

②防止大水漫灌，雨后及时排水。

③合理密植，保持通风良好，棚室中要控制好湿度。

④收获后及时清除病残体，带出田外并进行无害化处理。

⑤药剂防治。发病初期及时喷75%百菌清可湿性粉剂600倍液，或70%甲基硫菌灵可湿性粉剂1 000倍液，或40%百菌清悬浮剂500倍液，或75%百菌清可湿性粉剂1 000倍液加70%甲基硫菌灵可湿性粉剂1 000倍液，或75%百菌清可湿性粉剂1 000倍液加70%代森锰锌可湿性粉剂800倍液，或50%硫黄·甲硫灵悬浮剂800倍液，每隔10天喷1次，连续2～3次。

（十三）豇豆红斑病

豇豆红斑病又称尾孢灰星病、叶斑病，主要危害夏播豇豆。

1. 发病症状　一般在老叶上先发病，发病初期受叶脉限制在叶片上形成多角形病斑，大小2～15毫米，紫红色或红色，边缘灰褐色，后期病斑中间变成暗灰色，叶背面有灰色霉状物，即病菌的分生孢子和分生孢子梗。

2. 病原 病原为变灰尾孢（*Cercospora canescens*）。分生孢子梗多生于叶片背面，有子座，子座为多细胞，灰色至黑色；分生孢子梗呈直立状，密集，褐色，每束7～28根，每根具7～8个隔膜，偶尔有膝状分枝，大小（158～306.9）微米×（4.95～6.93）微米，端平；分生孢子呈针状，无色透明，具隔膜7～12个，大小（62.5～220）微米×（2.5～4.5）微米。

3. 发病规律 以菌丝体和分生孢子在种子或病残体中越冬，成为翌年初侵染源。生长季节侵染叶片，经分生孢子多次再侵染，病原菌大量积累，遇适宜条件造成大流行。高温高湿则加重该病的发生和流行，尤以秋季多雨的连作地或反季节栽培地发病重。

4. 防治方法

①选无病株留种，播前用45℃温水浸泡10分钟进行消毒。

②感病地块收获后进行深耕，有条件的实行轮作，收获后及时清除田间病残体，消灭越冬病菌。

③药剂防治。发病初期可喷施75%百菌清可湿性粉剂600倍液，30%碱式硫酸铜悬浮剂400倍液，或50%硫黄·甲硫灵悬浮剂500～600倍液，或1∶1∶200倍式波尔多液，每隔7～10天喷1次，连续防治2～3次。

（十四）豇豆角斑病

豇豆角斑病主要危害叶片和豆荚，一般发生在开花期。

1. 发病症状 叶片上产生多角形灰色病斑，大小5～8毫米，后变灰褐色至紫褐色，湿度大时叶背簇生灰紫色霉层，豆荚染病，病斑较大，灰褐色至紫褐色，不下陷，湿度大时产生霉状物。

2. 病原 病原为灰拟棒束孢菌（*Isariopsis griseola*）。分生孢子梗无色或淡黄褐色，直立或密集成束，不分枝，屈曲少或无，顶端钝圆有小孢子痕，大小（68.6～134.75）微米×（2.7～4.4）微米。分生孢子圆筒形或长梭形，基部钝圆平截，顶部略细，顶生或侧生，无色至浅褐色，微弯，有0～5个隔膜，大小（26.95～66.15）微米×（4.9～7.35）微米。

3. 发病规律　病菌以菌丝块或分生孢子在种子上越冬，翌年条件适宜时，产生分生孢子危害叶片，病部产生的分生孢子进行再侵染，扩大危害，秋季危害豆荚，侵染种子，则潜伏在种子上越冬。秋季发病重。

4. 防治方法

①种子用45℃温水浸种10分钟进行消毒。

②有条件的地方实行轮作，发病重的地块，收获后及时深翻。

③药剂防治。发病初期喷洒30%碱式硫酸铜悬浮剂400倍液，或77%氢氧化铜可湿性微粒粉剂500倍液，或60%琥铜·乙膦铝可湿性粉剂500倍液，或64%噁霜·锰锌可湿性粉剂500倍液，每隔7～10天1次，连续1～2次。

（十五）豇豆灰霉病

豇豆灰霉病主要危害叶片、茎蔓、花和豆荚。

1. 发病症状　茎蔓发病后，植株下部茎蔓先出现症状，病斑深褐色，病斑的中部淡棕色或浅黄色，干燥时病斑表皮破裂形成纤维状，湿度大时上生灰色霉层。有时病原从茎蔓分枝处侵入，引起病部形成凹陷水渍斑，植株逐渐萎蔫；叶片发病时，苗期子叶呈水渍状，变软下垂，叶片边缘长出白灰色霉层，叶片上的病斑较大，有轮纹，后期易破裂；豆荚发病时，表现为病原先侵染败落的花，后扩展到豆荚，病斑初淡褐至褐色，后软腐，表面生有灰霉。

2. 病原　病原为灰葡萄孢（*Botrytis cinerea*）。分生孢子聚生、无色、单胞，两端差异大，状如水滴或西瓜子，大小（3.2～12.8）微米×（3.2～9.6）微米。孢子梗浅棕色，多隔，大小（896～1088）微米×（16～20.8）微米。

3. **发病规律** 以菌丝、菌核或分生孢子越夏或越冬。越冬的病菌以菌丝在病残体中营腐生生活，不断产出分生孢子进行再侵染。条件不适时病部产生菌核，在田间存活期较长，遇到适合条件即长出菌丝直接侵入或产生孢子，借雨水溅射或随病残体、水流、气流、农具及衣物传播。腐烂的病荚、病叶、病卷须及败落的病花落在健部即可发病。高湿和20℃左右的温度条件，病害易流行。

4. **防治方法**

①降低湿度。

②及时摘除病叶、病荚并进行无害化处理。

③药剂防治。在定植后出现零星病株即开始喷药防治。可用65%甲霜灵可湿性粉剂 1 500 倍液，或 50%腐霉利可湿性粉剂1 500～2 000 倍液，或 50%异菌脲可湿性粉剂 1 000 倍液，或 90%三乙膦酸铝可湿性粉剂 800 倍液，或 50%的多菌灵胶悬剂 800 倍液，或 75%的百菌清可湿性粉剂 600～800 倍液，每隔 7～10 天喷 1 次，连续 2～3 次。

（十六）豇豆根结线虫病

豇豆根结线虫病又称豇豆根瘤线虫病，只危害根部，侧根、支根易受害。

1. **发病症状** 病根形成大小不等的小瘤状物，剖开可见许多白色梨状雌线虫。致地上部生长衰弱，植株矮小，色浅，不结荚或结荚不良，天气干旱或土壤中缺水的中午前后植株常萎蔫，拔出病根可见上述症状。

2. **病原** 病原为南方根结线虫（*Meloidogyne incognita*）和爪哇根结线虫（*M. javanica*），属寄生性植物线虫。前者为雌雄异形，幼虫细长蠕虫状，雄成虫线状，尾端稍圆，无色透明，大小（1.0～1.5）毫米×（0.03～0.04）毫米，雌成虫梨形，每头雌虫可产卵 300～800 粒，雌虫多埋藏于寄主组织内，大小（0.44～1.59）毫米×（0.26～0.81）毫米。后者的雌虫洋梨形，平均长 1

毫米，宽0.5～0.75毫米，内藏数百粒卵，在寄主体内营寄生生活；雄虫细长，圆筒形，长1～1.5毫米，直径0.03～0.04毫米，主要在土壤中活动和生活，卵椭圆形，大小0.08毫米×0.03毫米，在母体或卵囊中发育，孵化后，离开寄主易落入土中，幼虫不分雌雄，侵入寄主后才开始分化出雌雄。爪哇根结线虫有特殊的会阴花纹，其花纹于侧线处有明显切迹，把背和腹之间的线纹隔断，此线沿雌虫体从会阴处延至颈部，是与南方根结线虫区分的重要特征。

3. **发病规律**　豇豆根结线虫病的病原线虫以卵在土壤中越冬，卵孵出的幼虫称2龄侵染幼虫，借助雨水、灌溉水传播，从幼嫩根尖侵入，直至发育为成虫，成为定居型内寄生线虫。在口针穿刺取食的同时，注入分泌液，刺激寄主细胞增殖和增大，形成根瘤。通常沙质壤土（土壤不过干又不过湿）或连作地发病较重。

4. **防治方法**

①重病地区和重病田应实行轮作，最好水旱轮作。

②豇豆收获后深翻，并引水浸田2～3周，杀死部分线虫。

③药剂防治。用3%氯唑磷颗粒剂配成毒土穴施于病株根际，每平方米用颗粒剂8～9克，或淋施50%辛硫磷乳油1 000～1 500倍液。

三、主要虫害

（一）豆蚜

豆蚜（*Aphis craccivora*）又称苜蓿蚜、花生蚜，以成虫和若虫刺吸嫩叶、嫩茎、花及豆荚的汁液，使叶片卷缩发黄，嫩荚变黄，严重时影响生长，造成减产。

1. **形态特征**　无翅胎生雌蚜的体长1.8～2.4毫米，体肥胖，黑色或浓紫色，少数墨绿色，具光泽，体被均匀蜡粉。中额瘤和额瘤稍隆。触角6节，比体短，第1节、第2节和第5节末端及第6节黑色，余黄白色。腹部第1～6节背面有一大型灰色隆板，腹管黑色，长圆形，有瓦纹。尾片黑色，圆锥形，具微刺组成的瓦纹，两侧各具长毛 3 根。有翅胎生雌蚜的体长 1.5～1.8 毫米，体黑绿色或黑褐色，具光泽。触角 6 节，第 1 节、第 2 节黑褐色，第 3～6 节黄白色，节间褐色，第 3 节有感觉圈 4～7 个，排列成行。其他特征与无翅孤雌蚜相似。若蚜分 4 龄，呈灰紫色至黑褐色。

2. 发生规律 豆蚜在山东、河北 1 年发生 20 代，在广东、福建发生 30 多代。豆蚜主要以无翅胎生雌蚜和若蚜在生长于背风向阳的山坡、沟边、路旁的荠菜、苜蓿、菜豆和冬豌豆的心叶及根茎交界处越冬，也有少量以卵在枯死寄主的残株上越冬。春末夏初气候温暖、雨量适中，利于该虫发生和繁殖，旱地、坡地及生长茂密地块发生重。主要天敌有瓢虫、食蚜蝇、草蛉等。豆蚜的成虫、若虫有群集性，常群集危害。豆蚜繁殖力强，条件适宜时，4～6 天即可完成 1 代，每头无翅胎生雌蚜可产若蚜 100 多头，因此极易造成严重危害。

3. 防治方法

①清除田间地头的杂草、残株、落叶并烧毁，以降低虫口密度。

②生物防治。利用瓢虫、草蛉、食蚜蝇、小花蝽、烟蚜茧蜂、菜蚜茧蜂、蚜小蜂等控制蚜虫。

③药剂防治。当有蚜株率达 10%或平均每株有虫 3～5 头，即应防治。可用 25%抗蚜威水溶性分散剂 1 000 倍液喷雾，对防治蚜虫有特效，并可以保护天敌。也可选用 10%吡虫啉可湿性粉剂 2 000倍液，或 21%增效氰马乳油 6 000 倍液。

（二）蓟马

豇豆蓟马以豆大蓟马（*Megalurothrips usitatus*）和花蓟马（*Fanklinielle intonsa*）为主，是豇豆最主要的害虫，尤其危害植株心部，造成豇豆卷叶，严重时死心，生长点停止生长；在高温干燥季节常造成豇豆茎尖萎缩、叶片畸形、落花落荚等，严重影响豇豆产量和品质，甚至导致完全失收。

1. 形态特征 成虫的体长1～1.3毫米，浅黄色至深褐色等。翅细透明，周缘密生许多细长毛；卵为肾形，长0.2毫米，逐渐变成卵圆形；若虫的体形似成虫，1龄体长0.3～0.6毫米。4龄若虫（伪蛹）体长1.2～1.6毫米。触角翘向头胸部背面。

2. 发生规律 以成虫和若虫的锉吸式口器吸食植株的幼嫩组织和器官汁液，可危害豇豆的茎、叶、花和荚果。豇豆受蓟马危害后，叶片皱缩、变小、卷曲或畸形，大量落花落荚，幼荚畸形或荚面出现粗糙的伤痕；严重受害时托叶干枯，心叶不能伸开，生长点萎缩，茎蔓生长缓慢或停止。蓟马危害豇豆植株时还会传播多种病毒。

3. 防治方法

①农业防治。早春清洁田园，将枯枝残叶和杂草集中毁掉，以减少越冬虫源。适当勤锄草、灌水，可减少或减轻危害。

②药剂防治。发生初期应根据虫害喷施针对性药剂进行防治，可选用30%吡虫啉可湿性粉剂1 000～1 500倍液，或20%啶虫脒可溶性液剂1 000～1 500倍液，或10%氯氰菊酯乳油1 500～3 000倍液，在清早露水未干时喷施，并配合使用新高脂膜可湿性粉剂800倍液增强药效，提高药剂有效成分利用率，巩固防治效果。收获前7～10天停止使用。另外，烟草石灰水（比例为1∶0.5∶50）喷雾，也有较好防治效果。

（三）烟粉虱

烟粉虱（*Bemisia tabaci*）的成虫及若虫聚集在叶背面，刺吸叶片汁液，虫口密度大时，叶正面出现成片黄斑，大量消耗植株养分，导致植株衰弱，严重时甚至可使植株死亡。成虫或若虫还大量分泌蜜露，招致灰尘污染豇豆叶，还可诱发煤污病。蜜露多时可使叶污染变黑，影响光合作用。此外，烟粉虱还可传播30多种病毒，引起70多种植物病害。

1. 形态特征 成虫体长约1毫米，全体及翅有白色蜡质粉状物，复眼肾形，单眼2个，靠近复眼，触角发达，7节，喙从头部下方后面伸出。跗节2节，约等长，端部具2爪，翅2对，休息时呈屋脊形，翅脉简单；卵呈弯月形，长约0.2毫米，以短柄黏附并竖立在豇豆叶背面，初产时呈黄白色，近孵化时变黑色；若虫共5龄，淡黄至灰黄色，1龄若虫末端有2对刚毛，其中前方一对较长，仅1龄有能运动的足，2龄以后若虫固定在叶片背面取食不动，扁卵形，似介壳虫，分节模糊，有一狭窄蜡质边缘，5龄停止取食，长约0.8毫米，背面稍隆起，背中央具疣突2～5个，侧背腹部具乳头状突起8个。

2. **发生规律** 春季主要在杂草、十字花科和茄科蔬菜等寄主上取食。条件适合的年份可持续危害到10月中旬，几乎每月出现1次种群高峰，每世代15～40天。气温低于12℃停止发育，14.5℃开始产卵，气温21～33℃，随气温升高，产卵量增加，高于40℃成虫死亡。成虫产卵于植株上中部的叶片背面，每次产卵120粒左右。成虫喜在温暖无风的天气活动，有趋黄的习性。

3. **防治方法**

①农业防治。育苗前清除残株和杂草；轮作并清除杂草；采收完毕应及时清园。

②物理防治。大棚种植豇豆时，可以覆盖40～60目聚乙烯防虫网；烟粉虱发生初期，在棚室内每亩悬挂40厘米×25厘米黄色诱虫粘板20片；栽培过程中进行环境调控，可有效降低虫口基数；换茬季节，采取灌水、闷棚、熏杀等措施，可有效防控。

③生物防治。用丽蚜小蜂防治烟粉虱，当每株有烟粉虱0.5～1头时，每株放蜂3～5头，10天放1次，连续放蜂3～4次。

④药剂防治。烟粉虱发生初期，选用25%噻虫嗪水分散粒剂1 000倍液，或20%啶虫脒可湿性粉剂1 000～1 500倍液，或10%氯噻啉可湿性粉剂1 000倍液，或22.4%螺虫乙酯悬浮剂1 000倍液等防治；棚室内可选用20%异丙威烟剂，亩用量250克，在傍晚收工后，将大棚紧闭，将烟剂分成几份点燃，进行熏杀。

（四）茶黄螨

茶黄螨（*Polyphagotarsonemus latus*）又称茶嫩叶螨、侧多食跗线螨、茶半跗线螨。茶黄螨的成螨和幼螨集中在寄主的幼嫩部位（嫩叶、幼芽、花、幼果）吸食汁液。被害叶片增厚僵直，变小或变窄，叶背呈黄褐色或灰褐色，带油渍状光泽，叶缘向背面卷曲。幼茎被害变黄褐色，扭曲成轮枝状。花蕾受害畸形，重者不能开花坐果。受害严重的植株矮小丛生，落叶落花，豆荚不能长大，凹凸不光滑，肉质发硬。

1. **形态特征**　雌螨长约 0.21 毫米，椭圆形，腹部末端平截，淡黄色至橙黄色，表皮薄而透明。螨体背部有 1 条纵向白带。足较短，第 4 对足纤细，其跗节末端有端毛和亚端毛。假气门器向后端扩展。雄螨长约 0.19 毫米，前足体有 3～4 对刚毛。腹面的后足体有 4 对刚毛，足较长而粗壮，第 3、4 对足的基节相接。第 4 对足胫、跗节细长，向内侧弯曲，远端 1/3 处有 1 根特别长的鞭状毛，爪退化为纽扣状。卵椭圆形，无色透明，表面具纵列瘤状突起。幼螨体背有 1 条白色纵带，足 3 对，腹末端有 1 对刚毛。若螨呈长椭圆形。

2. **发生规律**　茶黄螨 1 年发生多代，世代重叠，以成螨在土缝、蔬菜及杂草根际越冬。繁殖的最适温度为 16～23℃，相对湿度 80%～90%，温暖多湿的环境有利于茶黄螨生长发育，但冬季繁殖力较低。具有趋嫩性，成螨和幼螨多集中在植株的幼嫩部位危害，尤其喜在嫩叶背面栖息取食。雄螨活动力强，并具有背负雌若螨向植株幼嫩部位迁移的习性。卵多散产于嫩叶背面、果实的凹陷处或嫩芽上。

3. **防治方法**

①搞好冬季防治工作，铲除田间和棚内杂草。蔬菜采收后及时清除枯枝落叶，集中烧毁，减少虫源。

②药剂防治。在施药时应注意把药液重点喷在植株上部的嫩叶背面、嫩茎、花器和嫩果上。药剂可选用 1.8%阿维菌素乳油

3 000倍液，或72%炔螨特乳油2 000倍液，或55%噻螨酮乳油2 000倍液，或20%双甲脒乳油1 500倍液，或2.5%联苯菊酯乳油1 000倍液，每隔10天喷1次，连续3次。

（五）小地老虎

小地老虎（*Agrotis ipsilon*）又称土蚕、黑地蚕、切根虫等，食性很杂，主要以其幼虫危害幼苗，取食幼苗心叶，切断幼苗近地面的根茎部，使整株死亡，造成缺苗断垄，严重地块甚至绝收。

1. 形态特征 成虫体长16～23毫米，翅展42～54毫米，体灰褐色，前翅上有肾形斑、环形斑、棒型斑，各斑均环黑边。肾形斑外有一个明显的尖端向外的楔形黑斑，亚缘线上有两个尖端向里的楔形斑，三斑相对，易于识别。老熟幼虫黑褐色，长37～47毫米，体表粗糙，密布大小不等的颗粒，腹背各节有4个毛片，前两个比后两个小。头部褐色，有不规则黑褐色网纹，臀板有深褐色纵纹。蛹红褐色，长18～24毫米，腹部末端有臀棘1对。

2. 发生规律 全国各地年发生代数不等，以幼虫和蛹越冬，在黄淮流域不能越冬，越冬代成虫从南方迁入。成虫喜食酸甜发酵液，有趋光性。卵多散产在土表的残株根茬及玉米苗上或杂草上，幼虫6龄，初孵幼虫可昼夜在心叶内取食危害，4龄后将茎叶咬成缺刻，5龄后可咬断幼茎，并将幼苗拉入土中取食，老熟幼虫则潜入地下3～5厘米深处越冬，适宜温度为18～26℃，高温不利于其发生。阴凉潮湿、田间覆盖度大、杂草丛生、土壤湿度大则虫量就多，危害加重，沙壤土、黏壤土发生重，沙质土发生危害轻。

3. 防治方法

①清除田间和地边杂草，可以消灭部分虫卵和害虫。

②诱杀幼虫。第1种方法是在成虫始发期用糖醋液和黑光灯诱杀成虫。在田间设置糖醋酒盆诱杀成虫，糖醋液配制比例为红糖6份、醋3份、酒1份、水10份，再加适量敌百虫等农药即可。第

2 种方法是用泡桐叶诱杀幼虫。将刚从泡桐树上摘下的老桐叶，用水浸湿，于傍晚均匀放于苗地地面上，每亩放置 60～80 张，清晨检查，捕杀叶上诱到的幼虫，连续 3～5 天。也可将泡桐叶浸在 90%敌百虫原药 200 倍液中，10 小时后取出使用。第 3 种方法是用 90%敌百虫原药 500 克拌棉籽饼 5 千克，或用 90%敌百虫原药 500 克拌鲜菜 50 千克，拌匀制成毒饵，每亩用毒饵 5 千克，傍晚时撒入行间。

③药剂防治。喷雾及灌根。小地老虎 1～3 龄幼虫期抗药性差，是喷药防治的最佳时期。傍晚喷药，植株、地面都要均匀喷雾。4～6 龄幼虫，因其隐蔽性强，药剂喷雾难以防治，可使用撒毒土和灌根等方式进行防治。喷雾药剂可选用 2.5%溴氰菊酯乳油 2 000倍液，或 10%虫螨腈悬浮剂 2 000 倍液，或 5%氟虫脲乳油 2 000倍液，或 20%氰戊菊酯乳油 3 000 倍液，或 2.5%溴氰菊酯乳油 3 000 倍液，或 20%氰戊·马拉松乳油 3 000 倍液；撒毒土药剂可选用 25%敌百虫粉剂 1 千克，拌细土 40 千克，于傍晚撒于田间。

（六）美洲斑潜蝇

美洲斑潜蝇（*Liriomyza sativae*）以幼虫危害为主。雌成虫刺伤叶片取食和产卵，幼虫在蔬菜叶片内取食叶肉，使叶片布满不规则蛇形白色虫道。受害后叶片逐渐萎蔫，上下表皮分离、枯落，最后全株死亡。

1. **形态特征**　成虫体小，长 1.3～2.3 毫米，浅灰黑色，胸部背板亮黑色，体腹面黄色。雌虫体比雄虫大。卵（0.2～0.3）毫米×（0.1～0.15）毫米，半透明。幼虫体长 3 毫米，蛆状。初无色，后变为浅橙黄色至橙黄色。后气门突起呈圆锥状，顶端 3 分叉，各具 1 开口。蛹（1.7～2.3）毫米×（0.5～0.75）毫米，椭圆形，橙黄色，腹面稍扁平。

2. **发生规律**　雌虫把卵产在部分伤孔表皮下，幼虫咬破叶表皮在叶外或土表下化蛹，蛹羽化为成虫，夏季 2～4 周完成 1 世代，冬季6~8周完成1世代；成虫以产卵器刺伤叶片，吸食汁液；幼虫在叶片组织内取食，形成弯曲状蛇形蛀道，老熟后从蛀道顶端咬破钻出，在叶片上或滚落在土壤中化蛹。

3. 防治方法

①严格检疫。

②及时清洁田园。被害植株残体、杂草集中沤肥或无害化处理。

③联防。保护地面积小，相对集中，可采取统一联防。

④诱杀成虫。利用成虫对黄色有趋性的特点，可在田间放置黄板诱杀成虫，具体方法是在黄色纸板表面覆盖一层塑料薄膜，外表涂抹机油即可。

⑤药剂防治。此虫易产生抗药性，在防治上应交替轮换用药。防治成虫应掌握在成虫羽化高峰的上午8—12时进行，效果最好。可喷洒5%氟啶脲乳油2 000倍液，5%氟虫脲乳油2 000倍液。防治幼虫掌握在2龄前，被害虫道长度在2厘米以下时进行。可喷洒1.8%阿维菌素乳油3 000倍液或50%环丙氨嗪粉剂2 000倍液。

（七）豆野螟

豆野螟（*Maruca testulalis*）以幼虫危害豇豆叶片、花及豆荚，常卷叶危害或蛀入荚内取食幼嫩的种粒，荚内及蛀孔外堆积粪粒。受害豆荚味苦，不堪食用。

1. 形态特征　成虫的体长10～13毫米，翅展20～26毫米，体色黄褐，腹面灰白色，复眼黑色，触角丝状黄褐色；前翅茶褐色，中室的端部有一块白色半透明的近长方形斑，中室中间近前缘处有一个肾形白斑，稍后有一个圆形小白斑点，白斑均有紫色的折闪光；后翅白色、半透明，近外缘1/3茶色，透明部分有3条淡褐色纵线，前缘近基部有小褐斑2块；卵为椭圆形，黄绿色，表面有近六角形的网纹；幼虫的头黄褐色，体淡黄绿色，前胸背板黑褐色，中后胸背板上每节的前排有4个毛瘤，后排有褐斑2个，无刚毛；蛹为淡褐色，翅芽明显。

2. 发生规律 成虫产卵于花蕾、叶柄及嫩荚上、单粒散产，卵期2～3天，初孵幼虫蛀入花蕾和嫩荚，被害蕾易脱落，被害荚的豆粒被虫咬伤，蛀孔口常有绿色粪便，虫蛀荚常因雨水灌入而腐烂。幼虫危害叶片时，常吐丝把两叶粘在一起，躲在其中咬食叶肉、残留叶脉，叶柄或嫩茎被害时，常在一侧被咬伤而萎蔫至凋零。在同一片豇豆种植地，成虫喜欢在长势旺盛的田块及植株上产卵；在同一植株上，有85%以上的卵粒产在待放的花蕾或花瓣上。初孵幼虫蛀花危害，造成落花；3龄以后幼虫蛀入荚内危害；幼虫有背光性，昼伏夜出，且能转株转荚危害。成虫白天常躲在植株的荫蔽处；老熟幼虫常在荫蔽处的叶背、土表等处作茧化蛹。

3. 防治方法

①及时清除田间落花、落荚。收获后及时清地耕翻，以减少虫源。

②在田间放置黑光灯诱杀成虫。

③化学防治。在上午8—10时，豇豆花瓣张开时用药，防治效果最好。错过这段时间，豆花闭合，药剂接触不到虫体，效果很差。植株进入开花期后开始用药，以毒性低的菊酯类为主，可用2.5%溴氰菊酯可湿性粉剂3 000倍液或20%氰戊菊酯可湿性粉剂3 000倍液喷雾。要严格把握农药的安全间隔期，菊酯类农药在用药4天后方可采收。

（八）豆荚斑螟

豆荚斑螟（*Etiella zinckenella*）又称豆荚螟、豇豆荚螟、大豆荚螟，以幼虫蛀食花、荚和豆粒为主，幼虫孵化后在豆荚上结一层白色薄丝茧，从茧下蛀入荚内取食豆粒，造成空荚，也可危害叶柄和花蕾。蛀食早期造成落荚，后期种子被食，影响产量。

1. 形态特征 豆荚斑螟老熟幼虫体长14～18毫米，黄绿色，腹部各节背面都有4个黑色大斑，排成方形。成虫体长10～12毫米，翅展20～24毫米，体褐色。前翅前缘土黄色，沿翅前缘有1条白色纹，前翅中室内侧有棕红金黄宽带横线；后翅灰白色，外缘呈暗褐色宽带。蛹长9～10毫米，黄褐色。

2. **发生规律** 以老熟幼虫在田间及晒场周围土中越冬；4月上旬为化蛹盛期，4月下旬至5月中旬开始羽化，6—9月为危害盛期；成虫昼伏叶背，夜晚活动，趋光性弱，飞翔力不强；卵主要产在豆荚上；幼虫孵化后在荚上爬行或吐丝悬垂转荚，选荚后先在荚上吐丝作一小白丝囊，从丝囊下蛀入荚内，潜入豆粒中取食。幼虫老熟后离荚入土，结茧化蛹。

3. **防治方法**

①及时清除田间落花、落荚，并摘除被害的卷叶和豆荚，以减少虫源。

②避免豆科作物多茬口混种及连作。

③药剂防治。在卵孵化始盛期或在豇豆开花盛期，最迟应在3龄幼虫蛀荚前进行药剂防治。可选用高效、低毒、低残留无公害环保型药剂，如25%灭幼脲3号悬浮剂1 500倍液，或0.36%苦参碱可湿性粉剂1 000倍液，或25%多杀霉素悬浮剂1 000倍液等交替喷洒，每隔7～10天1次，连续防治2次。喷药应在上午8—10时或傍晚5—7时进行，尤以成虫产卵前效果最佳，持效期可达20天以上。成虫盛发期，可选用21%增效氰戊·马拉松乳油4 000倍液，或20%氰戊菊酯乳油3 000倍液。喷雾要细致均匀，要以花蕾、花荚、叶背、叶面和茎蔓全湿润有滴液为度。大棚内防治可采用烟剂熏蒸法杀灭。

（九）斜纹夜蛾

斜纹夜蛾（*Spodoptera litura*）又称莲纹夜蛾、莲纹夜盗蛾，是一种食性很杂的暴食性害虫，以幼虫危害叶片、花蕾、花及果实。大发生时可将全田作物吃成光秆。在甘蓝、大白菜上，常蛀入心叶、叶球，把内部吃空，并排泄粪便，使之失去食用价值。

1. **形态特征**　成虫体长14～20毫米，翅展35～40毫米。头、胸、腹均深褐色。胸部背面有白色丛毛，腹部前数节背面中央有暗褐色丛毛。前翅灰褐色，斑纹复杂，内横线及外横线灰白色，波浪形，中间有白色条纹，在环状纹和肾状纹间，自前缘向后缘外方有3条白色斜线，故名斜纹夜蛾。后翅白色，无斑纹。前后翅常有水红色至紫红色闪光。卵扁半球形，直径0.4～0.5毫米，初产时黄白色，后变为淡绿色至紫黑色。卵呈块状，由3～4层卵粒组成，外覆灰黄色疏松的绒毛。老熟幼虫体长35～47毫米，头部黑褐色，胸腹部颜色变化较大。全体遍布不太明显的白色斑点，背线、亚背线及气门下线均为灰黄色及橙黄色。从中胸至第9腹节在亚背线内侧有近似三角形黑斑1对，其中以第1、7、8腹节的最大，中、后胸的黑斑外侧伴以黄白色小点，气门黑色。胸足近黑色，腹足暗褐色，刚毛极短。蛹长15～20毫米，腹部第4～7节背面近前缘处各有1个小刻点。臀棘短，有1对强大而弯曲的刺，刺的基部分开。

2. **发生规律**　在华北地区1年发生4～5代，多在8—9月大发生。成虫白天躲在植株茂密处、落叶下、叶背、土块缝隙或杂草丛中，日落后开始活动。多在半夜和黎明进行交尾、产卵。成虫有趋光性，对糖、醋、酒液及发酵的胡萝卜、麦芽、豆饼、牛粪都有趋性。卵多产于高大、茂密、浓绿的边际作物上，以植株中部叶片背面的叶脉分叉处着卵最多。成虫一生能多次交配。初孵幼虫群集在卵块附近取食，3龄前仅食叶肉，留上表皮及叶脉，呈现白色纱孔状的斑块，后变黄色，日夜均可取食，但遇惊扰四处爬散，或吐丝下垂或假死落地，4龄后进入暴食期，共6龄。老熟幼虫在1～3厘米表土内作一椭圆形土室化蛹。

3. **防治方法**

①诱杀成虫。利用趋光性、趋化性进行诱杀，如用黑光灯、杨树枝把或胡萝卜、甘薯、豆饼等发酵液加少许糖、敌百虫。还可用此法观察成虫高峰期，适时喷药。

②人工捕杀。人工采卵和捕捉低龄幼虫。

③药剂防治。把幼虫消灭在3龄前点片发生阶段。采取局部挑治，傍晚进行，效果最好。可用5%氟啶脲乳油1 000倍液，或5%氟虫脲乳油2 000～2 500倍液，或1.8%阿维菌素乳油2 000倍液，或25%多杀霉素悬浮剂1 500倍液，或4.5%氯氰菊酯乳油2 000倍液，或20%氰戊菊酯乳油1 500倍液，或5.7%氟氯氰菊酯乳油4 000倍液，或10%联苯菊酯乳油1 000～1 500倍液。采取挑治与全田喷药相结合的办法，重点防治田间虫源中心。由于幼虫白天不出来活动，喷药宜在午后及傍晚进行。每隔7～10天喷施1次，连用2～3次。

第五章

贮运与加工

一、豇豆贮运技术

豇豆在高温下贮运时，呼吸强度很高，豆荚里的籽粒迅速生长，豆荚纤维化程度不断提高并老化，品质降低，严重者失去食用价值。所以豇豆是一种较难保鲜的蔬菜。

豇豆的保鲜管理是一个完整的体系，它包括采前、采收、采后商品处理以及贮藏、运输和销售等几个环节。

（一）成熟度确定

豇豆一般自开花后 11～13 天为商品荚采收适期。采收时，注意不要伤及花序上的其他花蕾。豇豆生育期短，豆荚生长迅速，商品成熟后很快发生纤维化，极易失去商品价值。豇豆采收后在室温下会很快萎蔫、褪色、腐烂及产生大量锈斑，损失严重。

豇豆多以食用嫩荚为主，当达到 70％～80％成熟度时要及时采收。采收过早，则不耐贮藏；采收过晚，豆荚纤维多，品质降低。对于大棚栽培的豇豆，一般在定植后 22～35 天便开始采收，结荚盛期应每隔 1～2 天采收 1 次；而对于露地栽培的豇豆，一般在开花后 12～16 天即可采摘。

（二）贮藏环境条件

1. **温度** 低温贮藏应考虑到贮温、病害和后熟之间的关系，把豇豆的质量与贮藏时间综合考虑。其中温度是影响豇豆贮藏寿命最主要的环境因素。适宜的贮藏温度是控制豇豆不产生锈斑和腐烂的重要前提。8℃是豇豆产生锈斑的临界温度，低于此温度，锈斑加重。如果欲将豇豆贮藏期保持在30天以上，贮藏温度应控制在8～10℃。豇豆是一种冷敏性蔬菜，过度低温会造成冷害，温度过高易加速病害的发展和促进后熟。减轻冷害的方法很多，如温度预处理、间歇升温、气调贮藏、化学处理、激素调控等。

2. **湿度** 采后的豇豆极易失水萎蔫，从而带来一系列不良影响，甚至导致衰老死亡。相对湿度较低时，较低的水分活度可以抑制微生物的生长，豇豆的腐烂率较低；同时相对湿度较低的贮藏环境中豇豆失水较多，容易加速豇豆的失绿黄化。保持高湿（相对湿度90%～95%）可以延缓豇豆在贮藏过程中失水，有助于豆荚保鲜保绿，并能延缓豇豆的后熟过程，使其抗病性增强，从而使腐烂情况有所减轻。薄膜包装可以为采后产品提供高湿环境，延缓豇豆失水过程，保证其进行正常的生理代谢过程，从而延缓衰老。

3. **气体成分** 较低的氧气和二氧化碳浓度有利于豇豆保鲜保绿。高二氧化碳浓度则可使豆荚失绿黄化。乙烯是影响果蔬贮藏的气体成分之一，它能够刺激呼吸跃变型果蔬的后熟衰老，引起果蔬组织的生理失调。一般在贮藏环境中可以利用蛭石、乙烯吸收剂等物质除去贮藏环境中的乙烯。

（三）采后预处理

1. **采收** 采收成熟度对豇豆贮藏寿命有明显影响，若采收过早，不仅会影响产量，而且由于组织幼嫩，呼吸旺盛，整个生理生化过程也会很旺盛；采收过晚，豆荚的细胞在发育后期开始木质化和紧缩，并会出现很多韧皮纤维，形成纤维构造后，味道变差，且由于衰老，它的抗病性下降。因此当豆荚充分长成而未鼓籽时是适宜成熟期。目前，豇豆的采收成熟度以花后的天数来控制，认为花后10～14天采摘最适宜贮藏。具体采收时间以每天上午9时之前或下午6时之后为宜。采收时，要用中指顶住花梗，不要折断花梗和弄掉花蕾，不要采半截，要有顺序地从上到下、从外到内依次采粗细、长短、成熟度一致的豇豆，不能漏采和强采。漏采易形成老豇豆，既影响其他豇豆的生长，又会降低品质，减少收入。

2. **预冷**　主要目的是迅速除去豇豆的田间热，防止产品腐烂，最大限度地保持产品的新鲜度和品质。预冷最好在产地进行。可以选用自然降温冷却方法进行，它是把产品放在阴凉通风的地方，使其散去田间热量。如有条件可以进行真空预冷、强制通风预冷和冷库空气预冷。比较简单的方法是冷库空气预冷，是将豇豆放在冷库中降温的一种冷却方式。当制冷量足够大及空气以1～2米/秒的流速在库内和容器间循环时，冷却的效果最好。在预冷前后都要测量产品的温度，判断冷却程度，防止冷害和冻害发生。

3. **挑选**　剔除病、虫、伤及不符合商品要求的个体，除去产品的非食用部分，选择生长健康、大小一致、尚未完全成熟的嫩荚，使产品整齐美观，提高商品价值，便于包装和运输。主要方法有人工挑选、整理和机械挑选、整理，可结合采收或分级进行机械化操作。

（四）贮藏方法

豇豆贮藏期限较短，即利用土窖、地下室、防空洞、通风库等库房贮藏，一般可以贮藏10天左右，但要经常检查，随时挑出已经荚面起泡的荚条。常见的贮藏方法有以下几种。

1. **低温贮藏**　豇豆的低温贮藏方法是直接将豇豆用塑料袋包装后放入冷库，温度保持在10℃以下。在低温及薄膜保护下，能够大大延缓豇豆的衰老过程，减轻豇豆的冷害发生程度，延缓失水和失鲜，从而有利于保持豇豆的新鲜品质。

豇豆如果长时间置于不适宜的低温条件下，容易发生生理伤害，表面水浸凹陷是最主要的冷害症状，严重影响豇豆的品质。豇豆贮藏保鲜主要存在的问题是锈斑和腐烂。适宜的温度是控制豇豆锈斑和腐烂的重要前提，而长时间处于8℃以下低温，就会引起冷害的发生。锈斑是豇豆在贮藏中常见的问题，一旦豇豆表面出现锈斑，短时间内就会蔓延并迅速腐烂，失去商品价值。

2. **气调贮藏** 可以采用简易气调贮藏和制氮机气调贮藏两种方法。研究表明，豇豆贮藏适宜条件是3%氧气+1%二氧化碳+96%氮气，库温8～9℃、空气相对湿度90%～95%，豇豆可贮藏30天以上，此法可用于批量贮藏。具体操作是将预冷后的豇豆装入塑料筐，再将筐堆码成垛，筐与筐之间留有10～20厘米的间隙，在最上层塑料筐的上方覆盖干燥稻草，以吸收顶层的水珠。贮藏期间，每隔4天左右检查一次，当豆角的商品率降到95%左右时，应及时结束贮藏。

3. **减压贮藏** 将豇豆置于密闭的容器内，形成一定的真空度，降低贮藏环境各种气体的分压，以达到尽快排除田间热、呼吸热以及果实代谢所产生的二氧化碳、乙烯、乙醇、乙醛、乙酸乙酯等有害气体，延长果实贮藏期的目的。利用自制的减压冷藏保鲜仓贮藏豇豆的总体效果要优于气调贮藏和低温贮藏。

（五）运输与销售

1. **运输** 长途运输的豇豆应选用适宜的保鲜方式，一般采用冷藏和气调贮藏两种方式。豇豆适宜的贮藏温度条件是8～9℃，空气相对湿度为95%。气调贮藏可以采用简易气调贮藏和制氮机气调贮藏两种方法。气调贮藏适宜的条件是3%～5%氧气和5%～9%二氧化碳。在运输过程中还应注意选择适宜的包装方式，尽量降低运输过程中机械伤的发生。一般用塑料筐或瓦楞纸箱包装，每筐（箱）装至容量的3/4即可，筐上部覆盖一层牛皮纸。

2. **销售** 对于贮藏的豇豆应当有计划地进行销售。由于豇豆的贮藏期较短，仅可短期贮藏，在入贮的同时就应当制定出销售计划，做到先入先出，及时销售，保证贮藏者的利益。

二、豇豆加工技术

（一）干制技术

1. 烘干法

（1）品种选择　豇豆按嫩荚颜色分青荚、白荚和红荚 3 种类型。其中，青荚品种的嫩荚细长、深绿，加工后颜色墨绿；白荚品种的嫩荚肥大，浅绿或绿白色，加工后颜色碧绿；红荚品种的荚果紫红色，较粗短，不适于加工。所以，白荚品种加工后的颜色最好，宜选择白荚或翠绿、浅绿色品种作为加工原料。

（2）原料选择与处理　加工豇豆应选择当天采收、颜色浅绿、荚条长、顺直、匀称、不发白变软、种子未显露的鲜嫩豆荚。去除有病虫害、太老太嫩及异色鲜荚。加工时要求同批加工豇豆颜色相同，长短均匀，成熟度一致，摊开堆放，以免发热发黄而影响品质。加工前须用自来水洗去原料上的泥沙等杂质，清洗过程中，豆荚在水中浸泡的时间不宜过长，否则会造成营养成分的损失及吸收过多的水分。做到当天采收，当天加工。

（3）热烫　用相当于豆荚重量 8 倍的水（加工用水应符合普通饮用水的标准）放在锅内，加热烧开，每 200 千克水中加入 0.1% 食用小苏打 25 克，可对叶绿素起保护作用，然后将豆荚倒入沸水中，翻动数次，让豆荚受热均匀，一般热烫处理时间掌握在 3～5 分钟，以豆荚熟而不烂为准。若热烫的时间太短，豆荚烘干后颜色变黑；烫的时间过长，豆荚产生黏糊，影响质量。应掌握好时间。一般每烫 50 千克豆荚加食用小苏打 1 次，一锅水续烫 3 次后须换水，以确保豆干质量。

（4）冷却　将热烫后的豇豆迅速在竹筛上摊开，趁体软时理直。有条件的地方可水平方向吹冷风，加快冷却。

（5）烘干　豇豆烘干可以用烘箱进行烘干，烘干分为 3 个步骤。

①将冷却后的豇豆连同竹筛迅速放入烘箱，每平方米竹筛放 6～7 千克豆荚，温度控制在 90～98℃，时间为 40～50 分钟。

②将第1次烘干后的豆荚二筛并一筛，烘干厚度为每平方米竹筛放12～14千克豆荚，温度控制在90～98℃，时间为30分钟。

③厚度与第2步相同，温度控制在70～80℃，直到烘干为止，时间一般为3～4小时。每个步骤烘干间隔期为1～2小时，烘干过程中火力要均匀，并上下、前后调换竹筛，使其受热均匀，干燥度一致。豇豆的折干率为（10～11）∶1。

(6) 回软 将烘干的豇豆冷却后，堆成堆，用薄膜覆盖，使其回软，达到各部分含水量均衡，时间一般3～5天。

(7) 包装 干豇豆回软后即可加工包装，一般加工成6厘米长的小段，采用塑膜真空包装。每包250克或500克定量包装，便于销售和消费者携带。

2. **晒干法** 采用晒干法制作的干豇豆，其颜色为淡棕色，经济价值略低于烘干法，但操作起来较简单。

(1) 操作方法 将豇豆洗净并热烫之后，放入冷水中漂洗一下，控干水分，随即放在阳光下暴晒。可在绳上挂晒，也可在水泥地上或席上摊晒。在晴好天气的情况下，水泥地上摊晒3天即可完全干燥，而在绳上挂晒则需4天。晒干后装入布袋或塑料食品袋内，放在阴凉通风处贮藏。采用塑料袋贮藏不易返潮，但干制时应多晒1天，使其充分干燥，否则易发霉变质。

(2) 注意事项 晒干法虽然简单易行，但关键环节如果掌握不好，不仅影响其食用品质，而且影响外观品质。所以在干制过程中要掌握好以下几点。

①煮烫时炉火要旺，水量不可过少。水要浸没荚条，以便迅速杀死细胞，否则荚条在锅内停留时间太长，易发生褐变，影响干制品色泽。

②煮烫不可过度，烫透即可，以3～4分钟为宜，否则荚条变得过软，不仅不易晒干，而且影响干制品风味和颜色。

③不要把豇豆放在篦子上干蒸，因干蒸的风味和色泽都不如水煮烫的效果好。

④在晒干过程中常常遇到阴雨天气，尚未晒干的豆荚遇雨后易

发霉变质，即使晾在室内1天也会发霉，不堪食用，造成极大的浪费。遇此情况可把豆荚装在塑料袋内，临时放入冰箱冻藏起来，待天气转晴再继续晒干，不仅不影响品质，而且更容易晒干。

⑤准备干制的豇豆，在栽培时最好提前播种，或前期进行短期覆盖栽培，使盛荚期出现在6月下旬以前，避开雨季。

⑥干豇豆在贮藏过程中，最容易吸湿返潮而发霉，除了放在阴凉通风处贮藏外，还要经常检查，若发现返潮现象应及时晒干。

此外，要想使干豇豆保持鲜绿色泽，在煮烫时可在水中加入0.6%的小苏打，煮后捞出马上放在0.3%小苏打冷水溶液中漂洗一下，然后放在不见直射光的通风处阴干。这样豆荚的叶绿素不被破坏，干制的豇豆可保持鲜绿的色泽。

鉴别干豇豆质量好坏，可以从颜色、气味、手感三方面来衡量。质量好的干豇豆是黄褐色，有一种特殊的香气，手感有弹性；质量差的干豇豆是黑褐色，有一股霉味，手感硬而无弹性。

（二）腌制技术

1. 池腌法

（1）选用嫩荚　选用组织细嫩紧实、纤维少、无病虫斑的嫩荚。清洗后立即摊晒，晾干明水后，立即进行泡制。

（2）建造容器　若是自泡自吃则采用陶坛泡制，方法与泡菜制作相同。若是大批量生产则采用菜池泡制。菜池应在泡制前预先挖好，一般挖在地面以下，池的大小可根据泡制量的多少而定，一般为长、宽各3米，深4米，或长、宽、深各4米。一个池一次可泡制20吨左右。菜池四壁及底部用砖垒砌成墙，墙面涂抹水泥并全部用白色釉面瓷砖贴面，池口应砌到高出地面50厘米左右，以防泥沙污物溅入池内。

（3）铺装入池

①踩制。泡制时豇豆要整齐扎成把或小捆，每捆重1～2千克，然后按每100千克豇豆加食盐8千克、山梨酸钾或苯甲酸钠400克、食用明矾800克的配比，分层铺装。铺装时豇豆要称重入池，

铺一层豇豆撒一层盐和其他配料。每层厚约20～30厘米，踩制时应注意轻压，不要踩破豇豆。

②置通气筒。在铺装前要将空心竹筒置于靠近菜池四角及中间的位置，并从池底直通到池面上，以利于排除有害气体，避免翻池。

③压石。按上述装料方法一直装到离池口1米处便停止，撒上盖面配料，在菜面上用长竹条纵横摆放1层，竹条上再用洗净的条石或块石镇压1层，以防豇豆上浮。

④灌水。铺装完毕便可灌水。要求用深井水，若无井水也可用泉水或自来水。塘水或河水均不能用，以免带入杂质或杂菌，影响泡菜质量。要将水一直灌到超过菜面50厘米左右。灌水后再在池面上盖1层聚乙烯膜，膜上再盖麻袋等遮光材料即可。

(4) 后期管理 气温高时7～8天、气温低时10～15天便可成熟，即可批量上市或小袋分装上市。若一时无法上市也可在菜池中长期泡制，但要注意定期检查。腌制期间应加强通风，并防止污水混入和强光照射，若发现水面产生白沫，应及时采取措施处理，即起池抽掉原泡菜液重新泡制。

2. 菜坛法

(1) 豇豆的选择 选用色泽青绿、鲜嫩爽脆、大小一致、无虫眼、硬挺的新鲜嫩豇豆。偏白色的品种不够爽脆，不宜选用。

(2) 容器的选择 腌制的容器选用泡菜坛子，必须清洗干净，无水无油，用开水烫过或用消毒柜消毒、烘干。

(3) 腌制水的配制 用一个干净无油的锅把水烧开，放入食盐、冰糖配制。水量要根据容器的大小决定，加入盐的比例为水∶盐＝100∶5。加冰糖可使豇豆比较脆，不加糖则软一点。

(4) 豆荚清洗与晾晒 豇豆清洗干净后，放在太阳底下晒1小时左右至干爽柔软。

(5) 入坛 将豆荚放入坛中，倒入腌制水，注意一定要保持腌制水没过豇豆。坛沿保持有水状态，加盖密封。

(6) 出品 坛子不能漏气，夏天存放5～7天即可食用，15天以后食用则口味更佳。

(7) 注意事项

①如果喜欢吃辣味的酸豇豆，还可以放点干辣椒一起腌制，同时还可以加入黄瓜、萝卜等一起腌制。

②同一坛腌制水第1拨腌出的酸豇豆一般不会特别酸。因为腌制第1拨时腌制水中的盐分通常会比较足，对发酵有一定的影响，下一拨再腌的时候就会酸很多了。

③腌好的酸豇豆呈黄绿色，水也比较浑浊，若有一些白色细沫浮在上面属于正常现象。

④取食酸豇豆用的筷子要保持干净，要用专筷。

⑤酸豇豆可根据口味需要调整调料比例，或多加些食盐，或多加些糖，或多加些辣椒，但不能加醋，因为其中的酸味是发酵来的，不是醋产生的。

⑥泡菜卤液越陈越好，如果保存得好，可连续使用数年。

3. 玻璃瓶法

(1) 清洗　挑选较嫩的豆荚，清洗泥土等杂物。

(2) 晾晒　豇豆洗好后，放在太阳底下晒1～2小时，等到豆荚变软即可。

(3) 备瓶　提前准备一个广口的空玻璃瓶，清洗干净，晾干，使瓶内无油无水。

(4) 备冷开水　锅里倒入清洁饮用水，加一点冰糖，同时也可以加一点花椒、大蒜等调味料，加热烧开，冷却至常温。

(5) 装瓶　向玻璃瓶里放入豆荚，每放一层豆荚，撒一层盐，放盐的分量要控制好，放多了太咸，放少了容易坏，最适量为平时做菜放盐量的5倍左右。

(6) 泡制　倒入已配制的冷开水，盖好瓶盖，最好在瓶口加盖一层塑料袋，密封效果更好。置于阴凉通风处7～10天即可食用，秋冬季节的腌制时间稍长一点。

(三) 速冻技术

速冻豇豆可长期贮藏，并能较大程度地保持原料的原有品质，且食用方便，能起到调节蔬菜市场淡旺季的作用。

1. **原料采收** 加工豇豆的采收要掌握成熟适度，太嫩影响产量，太老影响质量。一般在7～8成熟时采收，此时豆荚嫩脆、纤维少、品质优。采摘后的豆荚一端对齐，包扎成小把，整齐地码放在周转筐中。

2. **拣选** 选择形态完整，外观清洁新鲜，荚果具有本品种应有的颜色，硬实、不脱水、无皱缩，质地脆嫩，豆荚条形较直、粗细均匀、无擦伤、无病虫害的原料。拣选时，首先将未成熟或泡荚、有病虫伤害、有霉点、有斑点、有锈斑、有损伤或破裂的不合格原料剔除，然后整理成把，去除豇豆条顶端和末端各2厘米，去除荚果顶和花序顶。

3. **清洗** 将原料上的泥沙、灰尘等污物清洗干净。使用清洗池漂洗，或在自来水下冲洗。若选择清洗池漂洗，池水需漫过豇豆5厘米左右，并人工淘洗，清洗完成后，检查清洗质量。

4. **切段** 将整理好的原料切成小段，长度4～5厘米。

5. **漂烫** 漂烫的主要目的是破坏豆荚中的酶类，确保后期储藏过程中的品质。漂烫不可过度，漂烫过度会造成产品表面破损，影响产品品质。漂烫的料水比为1∶10，水中加入少量食盐，浓度为0.4%，漂烫时间为60～70秒。操作时，将装好豇豆的料筐整体浸入沸水中，并开始计时，在漂烫过程中翻动数次，确保原料漂烫均匀。

6. **冷却** 漂烫后的豇豆应在短时间内降温，冷却方法可选择喷淋冷却或冷风冷却。冷却操作方法：第1步，冷却水初温15℃，投入料筐后浸泡8～10分钟，使产品中心温度从初温100℃降至45℃左右；第2步，冷却水初温15℃，投入料筐后浸泡5分钟，使产品中心温度从45℃降至25℃左右。

7. **脱水** 如果产品水分含量过多，会冻结成块，不利于包装，影响产品感官质量。因此，需将冷却池中的豇豆捞出，装入尼龙网袋中，每袋装料3～4千克，将装好豆荚的网袋放入洗衣机的脱水桶中，并保持四周对称，启动脱水按钮，甩干脱水1分钟左右。

8. **装盘** 将脱水后的豇豆平铺在托盘上，厚度不超过5厘米。

9. **速冻** 将装豇豆的托盘置于冷库中速冻，或在冰箱的冷冻室里进行速冻，使产品中心温度在30分钟内迅速达到－18℃。速冻是使产品长期贮藏不变质的决定因素。冻结速度越快，所形成的冰晶越小，产品质量越好。

10. **包装** 包装主要起到防湿、防气、防脱水，延长保质期的作用。速冻后的豇豆，经进一步挑选，剔除不合格的产品，按包装重量要求称重，装入聚乙烯薄膜包装袋中，每份250～500克，置于家用冰箱的冷冻室中，日后可随时取出食用。在－18℃条件下，可贮藏12～18个月。

优质的速冻豇豆，其条形圆直，粗细基本均匀，段长基本一致；豇豆呈鲜绿色，色泽基本一致；速冻良好，无粘连、结块、结霜和风干现象，无肉眼可见杂质；解冻后具有本产品应有的风味，无纤维感、异味。

参考文献

常德市农林科学研究院，2018a. 天畅 1 号豇豆栽培技术规程：DB43/T 1475.1—2018［S］. 长沙：湖南省质量技术监督局.

常德市农林科学研究院，2018b. 天畅 4 号豇豆栽培技术规程：DB43/T 1475.2—2018［S］. 长沙：湖南省质量技术监督局.

常德市农林科学研究院，2018c. 天畅 5 号豇豆栽培技术规程：DB43/T 1475.3—2018［S］. 长沙：湖南省质量技术监督局.

常德市农林科学研究院，2018d. 天畅 6 号豇豆栽培技术规程：DB43/T 1475.4—2018［S］. 长沙：湖南省质量技术监督局.

常德市农林科学研究院，2018e. 天畅 9 号豇豆栽培技术规程：DB43/T 1475.5—2018［S］. 长沙：湖南省质量技术监督局.

常德市农林科学研究院，2018. 詹豇 215 豇豆栽培技术规程：DB43/T 1476—2018［S］. 长沙：湖南省质量技术监督局.

常德市农林科学研究院，2019. 加工豇豆栽培技术规程：DB43/T 1674—2019［S］. 长沙：湖南省市场监督管理局.

常德市蔬菜科学研究所，2015. 豇豆防虫网覆盖栽培技术规程：DB43/T 980—2015［S］. 长沙：湖南省质量技术监督局.

古瑜，2010. 豇豆栽培技术与病虫害防治［M］.天津：天津科技翻译出版公司.

管锋，刘政权，杨连勇，2008. 春豇豆接茬秋黄瓜高效栽培技术［J］. 中国蔬菜（1）：44-45.

管锋，杨连勇，管恩湘，等，2007. 豇豆生姜套作高效栽培技术［J］. 中国蔬菜，1（7）：50-51.

湖南省农业厅，2013. 春豇豆栽培技术规程：HNZ037—2013［S］. 长沙：湖南省农业厅.

康杰，张忠武，孙信成，等，2019. 豇豆播种期与开花期函数模型构建［J］. 江汉大学学报（自然科学版），47（3）：204-208.

刘秋芳，2013. 大棚春马铃薯、夏豇豆、秋莴笋、冬油菜套种栽培技术［J］.

农业科技与信息（19）：9.

柳静萍，2003. 长豇豆干加工技术［J］. 长江蔬菜（12）：25.

龙静宜，1999. 豆类蔬菜栽培技术［M］. 北京：金盾出版社.

罗金梅，汪梦晖，杜洪波，等，2019. 洞庭湖区矮生豇豆-水稻高效栽培技术［J］. 作物研究，33（7）：118-119.

罗金梅，张忠武，孙信成，等，2019. 豇豆种子水引发研究［J］. 农学学报，9（9）：45-48.

彭元群，罗金梅，张忠武，等，2017. 豇豆漂浮育苗技术［J］. 中国农技推广，33（5）：40-42.

司洋，2015. 豆角贮藏及物流保鲜［J］. 吉林蔬菜（7）：40-41.

孙信成，田军，詹远华，等，2017. 不同浓度甲哌对豇豆生长特性的影响［J］. 蔬菜（5）：56-60.

孙信成，张忠武，杨连勇，等，2018. 密度与追肥量对豇豆产量及农艺性状的影响［J］. 中国农机化学报，39（6）：71-76.

田军，张忠武，詹远华，2009. 极早熟豇豆新品种天畅 5 号的选育［J］. 长江蔬菜（15）：49-50.

徐艳文，张忆洁，宋芳芳，2016. 速冻豇豆加工技术［J］. 农村科技（7）：62-63.

杨连勇，管锋，周清华，等，2008. 长豇豆遗传与育种研究进展［J］. 长江蔬菜（2）：34-39.

杨宇，邓正春，吴仁明，等，2011. 富硒豇豆栽培技术［J］. 现代农业科技（20）：132-132，134.

詹远华. 张忠武，田军，等，2017. 豇豆新品种詹豇 215 的选育及栽培［J］. 安徽农业科学，45（14）：31-32.

张忠武，2003. 不同条件下暴晒豇豆种子的环境温度与活力变化研究［J］. 种子科技，21（1）：37.

张忠武，罗金梅，詹远华，等，2017. 天畅 4 号豇豆的选育及栽培技术［J］. 安徽农学通报（7）：75-76.

张忠武，杨连勇，孙信成，等，2019. 洞庭湖区辣椒间作豇豆高效栽培技术［J］. 作物研究，33（7）：123-124.

张忠武，詹远华，田军，2010. 长荚型豇豆新品种天畅 1 号的选育［J］. 湖南农业科学（22）：35-36.

张忠武，詹远华，田军，等，2012. 不同温湿条件对白籽豇豆种子发芽的影响

[J]. 蔬菜（12）：61-62.

张忠武，詹远华，田军，等，2017a. 天畅 6 号豇豆的选育及丰产栽培技术 [J]. 陕西农业科学，63（8）：102-104.

张忠武，詹远华，田军，等，2017b. 早熟豇豆新品种天畅 9 号的选育 [J]. 中国蔬菜（4）：77-79.

张忠武，詹远华，张维，等，2013. 常德地区豇豆耐弱光品种筛选试验 [J]. 长江蔬菜（24）：17-19.

图书在版编目（CIP）数据

豇豆高效栽培实用技术/张忠武，詹远华，田军主编．—北京：中国农业出版社，2020.12（2023.3 重印）
ISBN 978-7-109-27300-9

Ⅰ．①豇…　Ⅱ．①张…　②詹…　③田　Ⅲ．①豇豆—栽培技术　Ⅳ．①S643.4

中国版本图书馆 CIP 数据核字（2020）第 176856 号

中国农业出版社出版
地址：北京市朝阳区麦子店街 18 号楼
邮编：100125
责任编辑：郭银巧　张　利　　文字编辑：宫晓晨
版式设计：王　晨　　责任校对：周丽芳
印刷：中农印务有限公司
版次：2020 年 12 月第 1 版
印次：2023 年 3 月北京第 2 次印刷
发行：新华书店北京发行所
开本：880mm×1230mm　1/32
印张：4　　插页：2
字数：115 千字
定价：28.00 元

1.豇豆病毒病
2.豇豆锈病
3.豇豆煤霉病
4.豇豆白粉病
5.豇豆炭疽病
6.豇豆基腐病
7.豇豆枯萎病
8.豇豆疫病

9.豇豆细菌性疫病

10.豇豆轮纹病

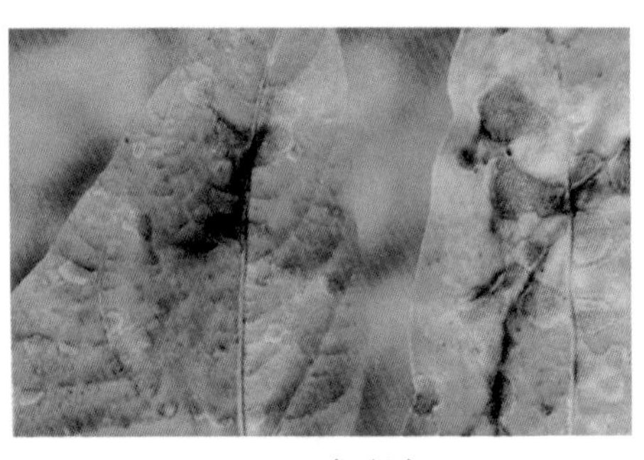

11.豇豆灰斑病

12.豇豆斑枯病

13.豇豆褐斑病

14.豇豆红斑病

15.豇豆角斑病

16.豇豆灰霉病

17.豇豆根结线虫病

18.豆蚜

19.蓟马

20.烟粉虱

21.茶黄螨

22.豆荚斑螟

23.小地老虎

24.美洲斑潜蝇

25.豆野螟

26.斜纹夜蛾